世界 138 处极具魅力的奇岩·巨石

用旅行杂学解读充满奇幻和浪漫色彩的奇岩·巨石

World Spectacular Rocks

日本《走遍全球》编辑室　编著

WORLD SPECTACULAR ROCKS CONTENTS

绝对想要去的地方！奇岩绝景

79 欧洲极具魅力的奇岩·巨石

COLUMN 欧洲的巨石文化遗址

115 非洲极具魅力的奇岩·巨石

131 北美洲极具魅力的奇岩·巨石

157 南美洲极具魅力的奇岩·巨石

COLUMN 太平洋地区的巨石文化遗址

175 大洋洲极具魅力的奇岩·巨石

COLUMN

●在使用本书时，请务必自行了解目的地新冠肺炎疫情防控相关要求等最新信息。
●本书中出现的地名基本上与《走遍全球》系列各分册保持一致。

邀请函

从地球诞生开始算起的46亿年间，
一直伴随着大陆漂移、地壳隆起、气候变化以及风雨的侵蚀……
在各种力量的作用之下，这些奇岩巨石存留至今。

它们的存在证明着地球强大的力量——也令我们神往着迷。

远古时代的人们，对令人震撼的巨大岩石始终心怀敬畏，
并沉迷于这些千奇百怪的岩石的各种各样的神秘传说。

创造今天的我们依然如此。

当这些巨岩以及那些看似坠落却没有落下的石块呈现在我们眼前的那一刻，
我们都会被震撼到说不出话来，
在由风化侵蚀所形成的奇怪形状的岩石中，
我们甚至可以看到动物或者人类的姿态。

世界上存在许许多多这样具有魅力的奇岩巨石。

也许只是看到一张照片，
或是听到与某块岩石相关的传说故事，
我们的内心便会蠢蠢欲动，想着“绝对要去那里看一看”。

那么就请步入这个充满魅力的奇岩·巨石的世界，

“欢迎你的到来”！

绝对想要
去的地方！
奇岩绝景

作为圣地而备受崇拜的世界最大级别单体岩石

乌卢鲁 - 卡塔楚塔国家公园

Uluru - Kata Tjuta National Park

位于澳大利亚大陆近中心的位置
在红土大地之上矗立着凛然姿态的巨型岩石——乌卢鲁（艾尔斯巨石）。
周长约为 9.4 公里，高度约为 348 米，具有超大的体积，
对于澳大利亚原住民来说，这里作为重要的圣地人尽皆知。
乌卢鲁近郊的巨大岩石群卡塔楚塔（奥尔加岩石群）对于当地的原住民而言
也是非常重要的场所。
观赏体积巨大、令人震撼的岩石，倾听当地原住民的传说，
与此同时，人们可以真切地感受到这块巨石中所蕴藏的大地之力。

被称为"地球肚脐"的世界最大级别的单体岩石

乌卢鲁巨石（艾尔斯巨石）

ULURU (AYERS ROCK)

乌卢鲁巨石的地表面周长大约为9.4公里，高度约为348米（海拔863米）。是由砂岩所形成的一块巨大的岩石，这就意味着在9亿~6亿年前，这一带曾经是大片的内陆海。大约在5亿4000万年前的寒武纪时，由于地壳变动形成地表面上的隆起，之后又经过数次大型的地壳变动，推测大约在距今7000万年之前逐渐形成了如今的地貌。人们估计，规模庞大的乌卢鲁巨石，其地表隆起的部分大概只占到了岩石整体的5%。

不过，乌卢鲁巨石的登山线路，因考虑到保护原住民圣地这一因素而于2019年开始封禁。

主要的景点及游览方法

◆步行线路 Base Walk

沿乌卢鲁步行一周大约10公里（所需时间约3小时），这是最基础的步行线路。途中的两处景点绝对不容错过。

马拉步行线路 Mala Walk 从西侧停车场出发单程1公里左右，就可以看到保留有原住民壁画的小洞穴以及被风化为大波浪形的自然隐蔽所，此外带有小池塘的坎踞

库尼亚步道马吉泉一侧的岩石上，有被自然打磨而出的心形痕迹

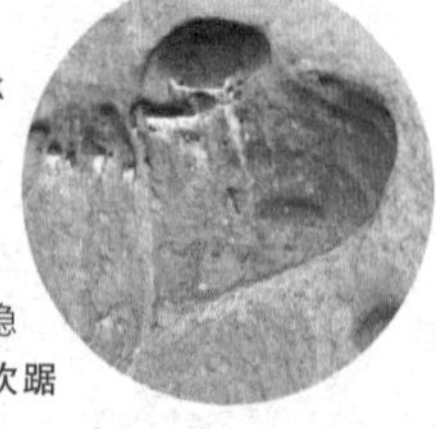

1 随着太阳从地平线上升逐渐被渲染上鲜艳色彩的乌卢鲁。神秘而壮观的绝美景色
2 在基础步道一角的马拉步道上，可以看到自然界的长期风化使得岩石的一部分被消磨而成的波形洞穴
3 马拉步道一角的坎踞峡谷。下雨的日子岩石的色调会变黑，周围繁茂的树木也几乎让人想象不到这里原来是沙漠地带
4 与日出有所不同的乌卢鲁的红色日落

峡谷 Kantju Gorge 也是不错的景点。坎踞峡谷一到下雨天，雨水便会沿着岩石表面滑落下来，形成壮观的瀑布景象。

库尼亚步道 Kuniya Walk 从南侧的停车场出发往返大约 1 公里。在当地原住民的传说中，这里是被毒蛇男杀死了侄子的彩虹色蛇女库尼亚报仇的地点，据说这里保留下来的**马吉泉** Kapi Mutitjulu 也是祭祀她故去的侄子的。这池泉水一年当中都不会干涸，也成了这片沙漠地带中生存的动物的饮水场所。

◆日出 & 日落 Sunrise&Sunset

乌卢鲁在一天当中岩石的色彩会有各种各样的变化。日出之时，从黑暗中逐渐显露出来的岩石会慢慢地呈现出红色，随着太阳升起渐渐被染成鲑鱼粉色，之后又逐渐变幻为鲜艳的橙色。位于乌卢鲁东南方向的**塔铃古露亚坤扎库日出 & 日落观景点** Talinguru Nyakunytjaku Sunrise & Sunnet Viewing Area 是观赏日出的最佳地点。

乌卢鲁被染为全红的夕阳景色也不容错过。从太阳偏向西方开始，逐渐地，岩石开始被染上红色，太阳落山的瞬间岩石会呈现出即将燃烧的赤炎颜色。能够眺望到这绝佳景观的场所就是**日落观景台** Sunset Viewing Area。

※ 在乌卢鲁的东侧，有许多原住民十分重视的神圣场所。不过许多地方都是不允许照相、不容侵犯的。包含有神圣场所的集体照也只允许私人的拍摄，而禁止使用在书籍、电视等公共场合

与乌卢鲁同样壮观的原住民圣地卡塔楚塔由36块巨石组成。如果选择飞行游览，在飞跃卡塔楚塔时也能够远眺乌卢鲁

从艾尔斯巨石度假村眺望到的卡塔楚塔的日出美景

由 36 块巨石形成的神秘景观

卡塔楚塔（奥尔加岩石群）

KATA TJUTA (THE OLGAS)

位于乌卢鲁以西约 40 公里的巨大岩石群。以高度 546 米（海拔 1069 米）的奥尔加山为代表，由大小 36 块岩石连接而成。卡塔楚塔在原住民的语言当中有“多头之地”的含义。这片岩石群是在 1872 年由西洋探险家欧内斯特·盖尔斯发现的。卡塔楚塔是花岗岩及玄武岩等各种各样不同种类的岩石伴随沙砾的堆积而形成。据考证与乌卢鲁同样，大约在 7000 万年之前形成了现今的规模。

主要的景点及游览方法

◆瓦帕峡谷 Walpa Gorge

是卡塔楚塔最大众化的单程约 2 公里的一条道路，可以沿着奥尔加山中峡谷前行。因为只有这一条道路，所以基本上都不会迷路。途中只会感觉到道路两侧耸立着的圆顶巨石所带来的压迫感，如果往溪谷的最深处走，还可以看到流淌着的细小河流，周围也生长着植物。

◆风之谷 Valley of the Winds

可以深入奥尔加岩石群内部的风之谷。从停车场出发有环绕一周大约 7.4 公里的道路。

从停车场出发步行大约 1 公里就到了**卡鲁瞭望台** Karu Lookout，在这里看到的景观也就是最初的景点。巨大的岩石对面有一片绵延的土地，景色十分壮观。再往前走便出现了分岔路，周围可以看到各种各样的沙漠植物以及尤加利树等。南侧有紧挨着巨石的狭窄小道。这一带便是被称为“风之谷”的地方。路的尽头是最大的景点**卡琳格纳瞭望台** Karingana Lookout（从停车场出发单程约 2.5 公里）。风从两侧耸立的巨石中吹过，对面是广阔的大地，远处还分布着卡塔楚塔的其他岩石。这里会给人留下深刻的印象，就好像不是地球上的景色一般。从卡琳格纳瞭望台出发，再穿过溪谷，向卡塔楚塔更深处走去，就能够回到卡鲁瞭望台下方的分岔路上。这趟行程全部走下来大约需要 4 小时。从卡琳格纳瞭望台往返需 2~3 小时。

※ 据说吉卜力动画片《风之谷的娜乌西卡》就是以风之谷为原型创作的，不过这一说法在吉卜力的官网解释当中被否定了

※ 风之谷是原住民圣地的一部分，因此只允许私人拍照，不可以放到书籍以及电视等公开场合

在瓦帕峡谷中能够切身地感受到卡塔楚塔的巨大规模

交通 · 当地旅游团等

乌卢鲁－卡塔楚塔国家公园位于澳大利亚的中心位置。国家公园内部没有住宿设施，可以将国家公园外紧挨着的**艾尔斯巨石度假村 Ayers Rock Resort** 作为观光的起点。前往艾尔斯巨石度假村，除了有悉尼、墨尔本、布里斯班以及凯恩斯等澳大利亚主要城市飞来的国内直航，还有途经澳大利亚中部城镇艾丽斯斯普林斯的航班。并且，每日还有一趟从艾丽斯斯普林斯出发的长距离巴士（所需时间为 6 小时）。

从艾尔斯巨石度假村出发的观光方法

从艾尔斯巨石度假村前往乌卢鲁或者卡塔楚塔都有 20 公里以上的距离，观光方式可以选择参加当地的旅游团，利用区间巴士，或者租车等任意方式都可以。一般游客都会选择参加当地的旅游团，其中有各种不同的主题内容。并且主要的旅游团都会配有外语导游。各种旅游团在到达当地之后，可以在艾尔斯巨石度假村内的酒店以及服务中心申请参团，作为人气观光胜地这里也经常会遇到满客的情况，因此最好提前预约。

【当地主要旅游公司】

■ **艾尔斯巨石度假村（各旅游团、酒店预约）**

URL www.ayersrockresort.com.au

■ AAT KINGS

URL www.aatkings.com

■ Uluru Hop on Hop off（**前往乌卢鲁、卡塔楚塔的区间车**）

URL uluruhoponhopoff.com.au

十分值得体验的当地旅游团

◆乌卢鲁 · 基础旅行线路 + 观赏落日 + 园内烧烤晚餐

将乌卢鲁周围约 10 公里的基础步道作为主要的游览线路，同时倾听着关于原住民的传说。之后再品尝着加料吐司及美味饮品观赏乌卢鲁的日落美景。日落之后在国家公园特设的区域之内还可以尽情享用烧烤晚餐。

日落之前透过闪光的葡萄酒杯拍摄出乌卢鲁倒影的方式也具有很高人气

◆原野星光展

在艾尔斯巨石度假村之外特定区域内的灯光展，是由艺术家布鲁斯 · 芒罗设计的一场唯美的灯光艺术展。只有在夜间和早晨才有可能观赏到。

◆飞行游览

还可以利用直升机或者塞斯纳飞机等获得游览飞行体验。从空中眺望乌卢鲁以及卡塔楚塔的样貌一定更为壮观。胆子再大些的话，还可以将乌卢鲁置于眼下，在空中飞舞，来一场双人跳伞的刺激体验。

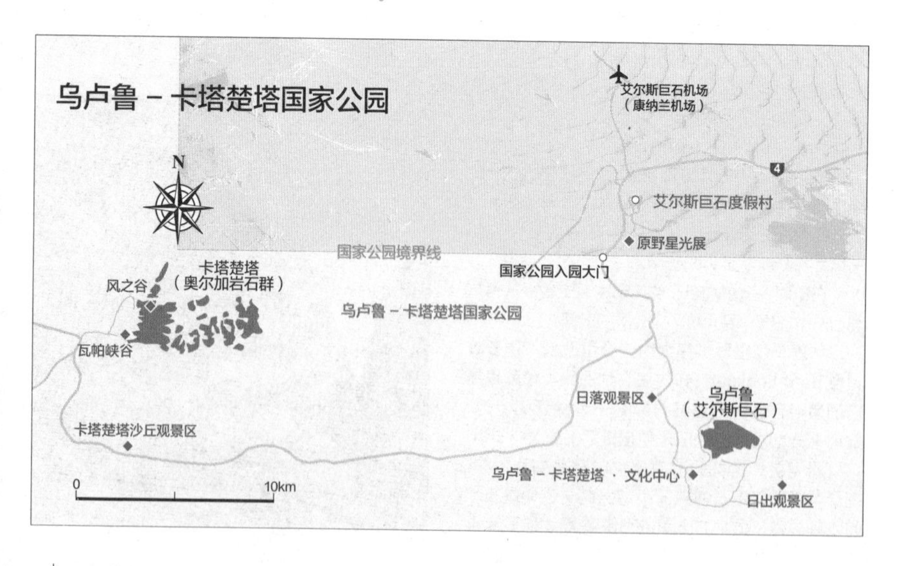

玩转乌卢鲁 - 卡塔楚塔国家公园的 2 晚 3 日经典计划

日期	时间	日程
第一天	上午	乘坐澳大利亚的航班从各地抵达
		艾尔斯巨石度假村酒店签到入住
	下午	参加乌卢鲁周边基础线路旅游团
	傍晚	观赏乌卢鲁的日落
	夜晚	在乌卢鲁附近的指定区域内享用美味的烧烤晚餐
第二天	天亮前～清晨	原野星光展 · 日出
	上午	选择飞行游览项目从空中俯瞰乌卢鲁 - 卡塔楚塔的美景
	下午	步行游览卡塔楚塔的瓦帕峡谷及风之谷
	傍晚～夜间	骑骆驼游览 · 寂静之声晚餐
第三天	天亮前～上午	观赏乌卢鲁的日出 + 操控平衡车游览乌卢鲁
	下午	返回澳大利亚各地

一句话笔记

乌卢鲁还是艾尔斯巨石?

中国一般会称之为艾尔斯巨石，而在澳大利亚需要尊重当地的原住民文化，因此本书采用当地阿南古族使用的名称乌卢鲁作为正式的名字。

◆平衡车旅游团

操纵着平衡车游览乌卢鲁周边景点的旅行方式。与观赏日出相结合的主题内容具有很高人气。

◆寂静之声晚宴

在艾尔斯巨石度假村的特设区域之内，一边观赏着乌卢鲁的绝美日落，一边品尝地道的户外美食。骑着骆驼前往特设场地的骆驼之旅也具有很高的人气。

最适合的澳大利亚奇岩游览行程

《走遍全球——澳大利亚》

书中不仅有关于乌卢鲁、卡塔楚塔的详细旅行信息，还有与澳大利亚其他奇岩绝景相关的细致介绍。

1 夜空中以乌卢鲁巨石的轮廓作为背景，各色绚烂灯光如同花的海洋上演着迷幻的原野灯光秀
2 骑着平衡车悠闲地环绕乌卢鲁一周
3 骑着骆驼前往原野灯光秀晚宴会场

奇岩绝景的宝库

美国 U.S.A.

美国西部大环线

Grand Circle

位于美国犹他州及亚利桑那州境内的巨大人造湖——鲍威尔湖。
以这个湖为中心半径约 230 公里的区域被称为美国西部大环线。
这一带有 8 座国家公园、16 座国定公园等景点，
在这里可以看到为数众多的奇岩绝景。
纳瓦霍人以及霍皮人等北美原住民的居住地依然保留，
是既可以欣赏到大自然美景又可以探寻原住民文化的一大观光胜地。

有着层层地貌，景色壮观的大峡谷

密得站因为众多游客聚集而显得十分热闹

历经 500 余万年，有着美丽岩石肌肤的大峡谷

大峡谷国家公园

世界自然遗产

GRAND CANYON NATIONAL PARK

大峡谷国家公园是东西长约 446 公里的狭长峡谷。经过 18 亿年堆积而成的巨厚岩层在 7000 万 ~6000 万年前的造山运动中隆起至海平面 8000 米左右的位置。于是东侧诞生了洛基山脉，随着犹他州山地的隆起，科罗拉多河的流向发生转变，岩石群逐渐被冲刷侵蚀。之后又经过了 600 多万年，最终形成了如今大峡谷的样貌。

主要的景点及游览方法

◆亚瓦帕观景点 Yavapai Point

1540 年，由 13 人组成的西班牙探险队作为西方人第一次直面科罗拉多大峡谷时的位置。这里设有瞭望台兼博物馆，在这里还可以看到大峡谷国家公园的立体模型。

◆密得站 Mather Point

视野第一的高人气观景台。数量众多的悬崖及残丘在此都可以清晰地观赏到，因此吸引了大量的游客。距前方 16 公里处的大峡谷北缘 North Rim 也可以看得到。

◆骑骡子游览 Mule Ride

骑着骡子，在大峡谷国家公园惬意游览的项目。3 小时左右的行程具有很高的人气。

◆科罗拉多河漂流 Colorad River Rafting

在大峡谷国家公园谷底的河流中漂流。有从一天至一周不同时长的丰富的活动项目可供参考。

1 骑着骡子游览，体会西部开拓时代的浓郁气氛
2 时间充裕的话可以参加多日的漂流活动
3 从东边眺望到的尖头岩山上有被命名为毗湿奴的寺院

纳瓦霍砂岩地带首屈一指的绝景宝库

波浪谷（美国红崖国家保护区）

THE WAVE (VERMILION CLIFFS NATIONAL MONUMENT)

位于鲍威尔湖畔佩吉镇西侧面积广大的红崖国家保护区。据推测，这一片自 1 亿 8000 万年前便存在至今的纳瓦霍砂岩地带，经过了多年洪水泥石流的冲刷以及风雨的侵蚀，而逐渐形成了如今这般具有流线形特色的波浪谷景观。有的地方地层厚度达到约 600 米，表面因包含有砂岩的氧化铁成分而显现出美丽的橙色或淡粉色调。

※butte：孤山、孤峰的意思

主要的景点及游览方法

◆北狼丘 North Coyote Butte

包括波浪谷在内的帕瑞亚谷 Paria Canyon 是个独具魅力的地方。这里每天只允许进入 20 名游客。其中 10 名是在 4 个月之前通过网络抽签决定的人选，其余的 10 人是前一天在卡纳布市的 BLM 游客中心进行抽签。概率为 1%~3.3%，所以还是建议在网上申请。被抽选到的人会收到官方邮寄过来的地图，但由于是在荒郊野外进行的数个小时的行程，因此最好雇用一位当地的导游。

1 只有极其幸运的人才可以亲眼领略到这片砂岩造就的波浪谷的奇幻世界
2 包括波浪谷在内的北狼丘有着形态各异的砂岩奇石
3 与波浪谷相比，抽中率高一些的南狼丘的奇岩群
4 虽然个人前往旅行观光比较困难，但是由于不需要许可证，因而最近人气攀升的白口袋

◆南狼丘 South Coyote Butte

与波浪谷那种奇特的砂岩地形相比，南狼丘有着很多形态各异的奇岩怪石。据说这里有着众多的景点，就算来上个十次也不一定能够游览完。同样每天限定 20 名游客，其中 10 名为 3 个月前的网络抽选，其余 10 名在前一天于 BLM 的游客中心选出。

◆白口袋 White Pocket

位于南狼丘更靠南侧的红色纳瓦霍砂岩以及白色岩石的奇岩地带。在这里游览不需要许可证，但个人前往会比较困难，因此建议参加当地的旅游团。

【美国红崖国家保护区许可证抽选】

■ BLM 游客中心

URL www.blm.gov/visit/kanab-visitor-center

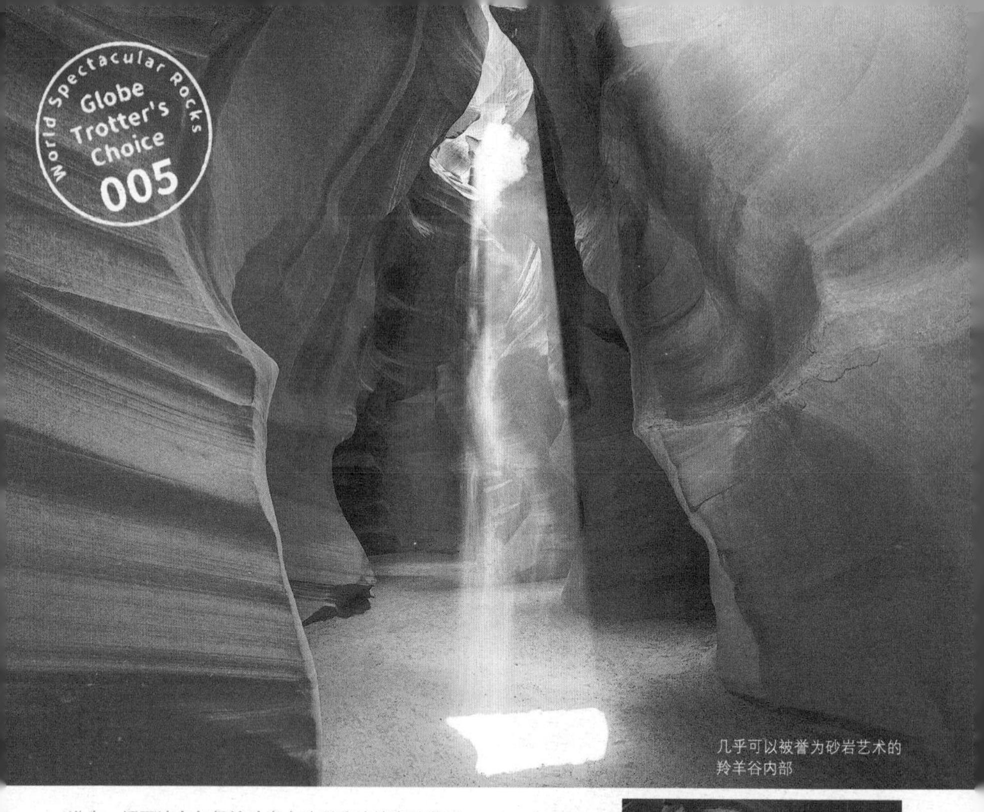

几乎可以被誉为砂岩艺术的羚羊谷内部

洪水、泥石流多年侵蚀砂岩大地所造就的奇美景观

羚羊谷

ANTELOPE CANYON

1931 年，纳瓦霍族的一位少女在偶然之间发现了一道不可思议的大地裂痕，这里便是羚羊谷。与美国红崖国家保护区一样，羚羊谷也是位于佩吉近郊的纳瓦霍砂岩地带。沙漠地带偶尔的降雨在浸透大地之前会先集中到地势较低处，也就是大地的裂缝处。在这里便形成了泥石流，较为柔软的纳瓦霍砂岩被泥水不断打磨，由此造就了如今这种奇特的景观。由于这里是纳瓦霍族群居住的地方，因此想要游览的话只能参加从佩吉出发的旅游团前往。

主要的景点及游览方法

◆上羚羊谷 Upper Antelope Canyon

这里主要的观光景点是上羚羊谷。在导游的带领下从细窄的岩石裂缝处进入谷中，在平滑的岩石肌肤的包围之下，在细窄的空间内蜿蜒前行。全长大约 150 米，高度为 20 米左右。从岩石的缝隙间投射下来的日光（光柱）一般在春季至秋季的正午前后可以看到。因此想要拍摄光柱的照片，就一定要参加这一时段的旅游团。为了避免行程受到影响，建议尽早预约。

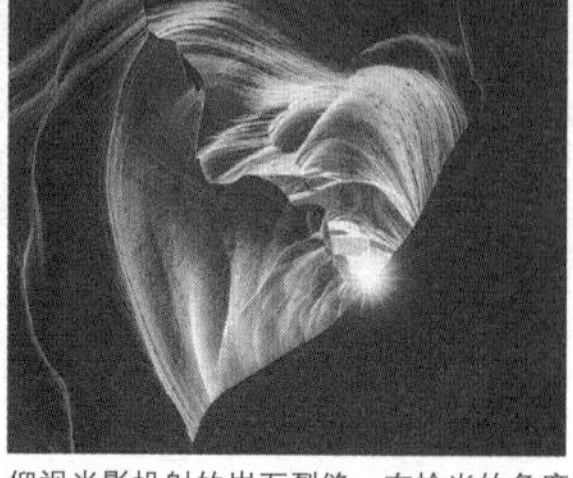
仰视光影投射的岩石裂缝。在恰当的角度之下可能会呈现出心形（上羚羊谷）

◆下羚羊谷 Lower Antelope Canyon

纳瓦霍族少女所发现的是这一部分的峡谷。其内部的景观大体上与上羚羊谷相同，只是更长更深，也更为狭窄。因为还要攀爬比较陡峭的梯子，所以一定不要穿着裙装或者凉鞋游览。

【羚羊谷的旅行社】

■ Antelope Canyon Tours

URL www.antelopecanyon.com

■ Dixie's Lower Antelope Canyon Tours

URL www.antelopelowercanyon.com

马蹄湾的日落时分

科罗拉多河巨大蛇形拐弯的摄影胜地

马蹄湾

HORSESHOE BEND

位于佩吉市以南只有5英里（约8公里）的地方。科罗拉多河造就的格兰峡谷大坝下游，科罗拉多河所形成的马蹄形大拐弯，这样造型奇特的景观受到了众多摄影爱好者的青睐，具有超高的人气。科罗拉多原本带有“红色”的含义。但是由于河水中所含的岩石以及沙砾沉淀为鲍威尔湖，这里随之成了青绿色的河流。在马蹄湾下游进行的漂流半日团非常受游客的欢迎。

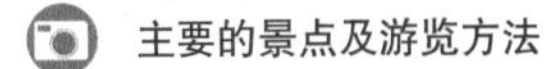

主要的景点及游览方法

◆彩虹桥国家公园

Rainbow Bridge National Park

在佩吉市停留期间，如果时间允许的话一定要去这里看一看。能够看到西太平洋最大级别的自然拱门形奇岩。拱门的高度为74.1米，宽度达到71.3米左右。原住民纳瓦霍族中流传着“彩虹固定变成了石头”这样的说法，因此而得名。

还可以走到岩石边缘去观赏，但脚下容易打滑，一定要十分小心

前往国家公园没有道路，但可以乘坐鲍威尔湖的游艇去游览。拱门形岩石对于纳瓦霍族人来说是十分神圣的场所，因此不可以进到里面，而只能在观景台处眺望。

巨大的拱门岩石也非常值得一见

近距离感受美国原汁原味的风景

纪念碑谷

MONUMENT VALLEY

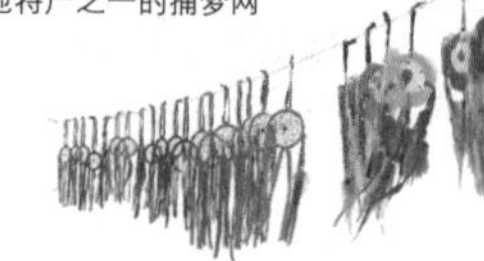

作为纳瓦霍族居住地特产之一的捕梦网

在电影与电视广告当中经常可以看到的，一座座孤峰或者顶部平坦的岩石山分布在广阔原野之上的景象，这里就是纪念碑谷。与美国的大峡谷齐名，这里也是美国西部大环线具有代表性的奇岩景观。

这里是纳瓦霍族居住地的内部，是由纳瓦霍族人自己运营和管理的公园。园中设有多个观景点，无论清晨、傍晚还是夜间，景色都十分迷人。因此一定要住上一晚，尽情去领略大自然所显露出来的神秘风景。

主要的景点及游览方法

◆《阿甘正传》取景地

Forrest Gump Point

一条贯穿纪念碑谷的笔直大路，电影镜头中连续出现的景色就是这里。在影片《阿甘正传》当中，由汤姆·汉克斯所饰演的主人公不断奔跑，纪念碑谷则作为他最后停止奔跑的背景地而远近闻名。影片取景地是从纪念碑谷出发沿 163 国道向墨西哥帽子方向前行的地方，道路两旁设有小型的停车场。纪念碑谷是从公园相反一侧眺望到的景观。

1 从《阿甘正传》取景地眺望到的纪念碑谷
2 谷地驾车游首屈一指的绝佳拍摄地点约翰·福特点。这里也经常会进行电视广告的拍摄
3 若参加谷地游还可以在纳瓦霍人居住地欣赏到运用传统技艺进行纺织的场景。对原住民文化感兴趣的话一定要参加

◆约翰·福特点
John Ford's Point

谷地内部全长 17 英里（约 27 公里），在未修整过的道路上有谷地驾车游 Valley Drive 的项目，环绕一周，可以感受到高度超过 300 米的孤峰的巨大冲击力。在谷地驾车游途中的一角还设有约翰·福特点，这里也是可以眺望到景区全景的最具人气的一个观景台。

◆谷地游 Valley Tour

公园内有从游客中心出发的纳瓦霍人推出的导游团项目。从 1 小时 30 分钟到半日游等，安排有不同时间段的导游活动可供选择。参加旅游团的话不仅可以观赏到驾车游的各个景点，还可以参观个人游所无法进入的纳瓦霍人居住地以及神秘谷地 Mystery Valley 中所保留的各个遗迹及壁画等。

◆古尔丁博物馆 Goulding's Museum

20 世纪 30 年代，古尔丁夫妇为约翰·福特导演拍摄的电影《关山飞渡》创造了机会，当时被利用作为摄制组基地的驿站，如今变为了博物馆对公众开放。在纪念碑谷所拍摄的各部影片相关的展览以及纳瓦霍族人生活场景的照片等在这里都能够看到。

MONUMENT VALLEY
NAVAJO TRIBAL PARK

这里集中了超过 2000 块拱门形状的岩石

拱门国家公园

ARCHES NATIONAL PARK

犹他州入口处的告示牌。精致的拱门成为犹他州显著的标志

拱门国家公园顾名思义指的就是拱门造型岩石（天然桥）的宝库。实际上在国家公园内部分布有约 2000 块拱形岩石。据推测这种拱门形的岩石是历经如下的过程而逐渐形成的。

大概在 2 亿 5000 万年前，这里曾经是一大片内陆海。在高温和干燥环境的影响下海水不断蒸发，出现了盐的堆积层。水位趋于平稳之后，盐层的上方又开始了土沙的堆积。由于土沙厚重，盐层开始像冰河一样瓦解移动，经过了约 2 亿年后开始出现被称为背斜构造的山丘排列。在此之后山丘上又形成了沙砾等其他堆积物的岩层（砂层岩）。在约 4000 万年前的地壳运动中这一带地势隆起，又受到科罗拉多河等流水的侵蚀。盐的背斜构造显露出来，水又将盐溶解，失去支撑的砂岩层就形成了山谷或断层，也出现了被称为鳍岩的薄板状岩石。尤其是鳍岩在雨水和霜的影响之下，岩石上开始出现洞穴，之后又经过不断的侵蚀就逐渐形成了拱门形的岩石。时至今日，侵蚀也依然在进行当中。

1 颇有气势的精致拱门岩石人气超高
2 看上去有逐渐断裂趋势的拱门岩石。其规模为北美最大，居世界第 4 位
3 带给人超强视觉冲击力的双重拱门

主要的景点及游览方法

◆精致拱门 Delicate Arch

犹他州地标般的存在。在国家公园内以东靠外侧的地方，红茶色的平滑砂岩广泛铺开，如圆形剧场一般，拱门就在剧场的一端。可以从名为沃鲁费兰奇的停车场出发，沿着单程 2.4 公里的步道前往。

◆魔鬼花园 Devils Garden

位于集中了各种各样拱形岩石的国家公园的北部。尤其是直径为 88.4 米的巨大景观拱门 Landscape Arch 一定不要错过。最薄部分仅为 1.8 米，如今看上去似乎就要断裂。有裂开的危险，所以一定不要站到其下方。

◆窗口景区 Windows Section

在数量众多的拱形岩石当中，还有被认为特别生动的双重拱门 Double Arch。在一个地方有 2 座拱门呈现出 V 字的造型，十分罕见。

世界奇岩绝石 World Spectacular Rocks

有很多尖塔状的岩石

峡谷地国家公园

CANYONLANDS NATIONAL PARK

从大春天峡谷观景台眺望到的峡谷地国家公园中的针塔岩石

位于摩押城两边与拱门国家公园相对的一侧。国家公园的北侧和南侧呈现出完全不同的外观。对奇岩特别感兴趣的游客建议选择南侧被称为 Needles 的景区。可以从**大春天峡谷观景台** Big Spring Canyon Overlook 或者**大象山** Elephant Hill 看到红茶色砂岩此起彼伏的样子。

尖塔岩也被称为 Hoodoo（峰林），在光影中每时每刻都呈现出不同的色彩

各色各样、不同颜色及形状的尖塔岩群带给人超美的视觉冲击力

布莱斯峡谷国家公园

BRYCE CANYON NATIONAL PARK

坐在马背上摇摇晃晃，惬意游览尖塔峰林

主要的景点及游览方法

如尖塔一般数量众多的土柱（峰林），据推测其形成时期在 5000 万 ~4000 万年前的始新世初期，当时为巨大湖泊中含有大量堆积石灰及泥土的克拉伦岩层。大约在 1000 万年前伴随着科罗拉多高原的隆起新的断层出现，河流穿梭其中不断侵蚀着周围的土地。尤其在雨水的冲刷之下崖壁被削磨成细长尖锐的薄崖（鳍岩）。雨水将石块中所含的碳酸钙溶解，冬日的降雪落入岩石的切割面并在夜间冻结，使切割面延展扩大。如此一来，便逐渐形成了如今的模样。

◆**夕阳观景点及那瓦贺环形步道**

Sunset Point & Navajo Loop Trail

位于国家公园游客中心附近的观景台是观赏日落的绝佳地点。就像这里的名字一样观赏被夕阳渲染后的布莱斯峡谷国家公园的美景一定会是一种令人震撼的难忘体验。

前往夕阳观景点有多条线路及出发地点。其中最具人气的就是巴霍卢浦道。这条景点众多且富于变化的道路，漫步一周大约 2.2 公里，所需时间 1~2 小时。道路上还有可以看到巨人挥舞锤子一般的**雷神之锤** Thor's Hammer。周围也有许许多多小锤子形的岩石。此外在谷底还有被称为**华尔街** Wall Street 的尖塔间狭窄的通道。也可以看到细而高的当地特色植物朝着太阳努力生长的样子。

◆**布莱斯点** Bryce Point

从夕阳观景点沿着山崖向南侧回到终点。从这里可以十分清晰地眺望到马蹄形布莱斯峡谷国家公园的全貌，尤其是清晨的景色最值得推荐。

◆**骑马马术** Horeback Riding

每年的 4~10 月都有从日出观景点附近出发到谷地的骑马游项目。途中还能在行经那瓦贺环形步道时看到雷神之锤的一角。有 2 小时及 3 小时时长的项目可供选择。

走上那瓦贺环形步道，去看看雷神之锤

世界奇岩绝石 World Spectacular Rocks

作为拉斯维加斯当日游的观光地非常受欢迎

去看看如烈焰燃烧般的红色大地

火焰谷州立公园

VALLEY OF FIRE STATE PARK

在布莱斯峡谷国家公园与拉斯维加斯之间还有锡安国家公园及火焰谷州立公园，也都是可以看到奇岩绝石的胜地。

尤其是火焰谷州立公园集中了许多红色奇石的独特景点。一些岩石呈现蜂巢模样、象鼻似的造型等。沿着周围的步道可以观赏到许多造型各异的岩石。特别是到了日出日落时分，岩石的外表被染成一片红色，这时便可以看到如名字描述的一般热烈燃烧着的奇岩群的绝景。

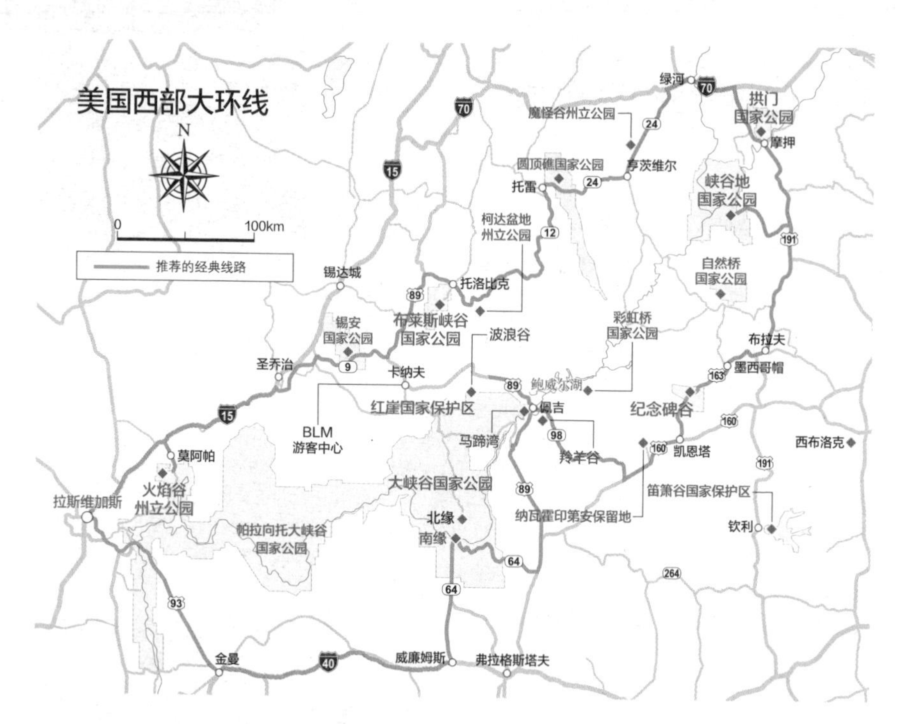

交通·当地旅游团等

美国西部大环线位于美国西部内陆，因此将拉斯维加斯作为行程的起点会比较方便。想要细细品味西部大环线的美景，租车行最为适合。只游览几个具有代表性的景点就需要 3~4 日的时间，而要看得特别仔细的话就需要大约 2 周时间了。此外，各国家公园观光也都需要门票，若是想游览多个场所就推荐入手一张 America the Beautiful Pass 的全美国家公园年票通卡（不含州立公园）。花费一辆车的费用，车上的同行者均可入园。可以在第一个游览的公园大门处购买。

个人观光游绝对值得入手的美景通行卡 America the Beautiful Pass

如果感觉海外租车不太安全，或者想在更短时间内游览多个景点，参加从拉斯维加斯出发的旅游团会比较方便。多家旅行社都推出有 2~14 天的旅游行程，个别社还可提供中文导游服务。有许多住宿 1~3 晚的日程设计，也有许多不同的主题游览活动。

【主要的当地旅行社】

■ Southwest Adventure Tours

URL southwestadventuretours.com/featured-tours/grand-circle-tour

从拱门国家公园向布莱斯峡谷国家公园行进途中的魔怪谷州立公园。虽然不算是特别有名，但其中也有令人难以置信的奇岩美景

租车游经典计划

虽然在经典线路中不会路过，但如果时间允许的话也可以去观赏一下的锡安国家公园。喜欢奇岩的游客可以去看看高人气的“白色大宝座”（→ p.137）

从拉斯维加斯往返，可有顺时针或者逆时针游览的不同设定。这里介绍逆时针的经典线路。在这个行程当中主要的景点都有覆盖。总移动距离超过了2000公里。

在经典线路当中，红崖国家保护区包括波浪谷这个景点，但这里出于景观保护的目的只有被抽选上的团队才可进入观光。（抽签详细介绍→ p.14）

国家公园内没有人工照明设施，因此在日落之后可以眺望到满天的繁星

通过日历形式介绍美国西部大环线的经典线路 10 日游

日期	时间	日程	距离 / 时间
第一天	早晨 下午 ~ 傍晚	从拉斯维加斯出发前往大峡谷 欣赏大峡谷的日落美景 ♦ 大峡谷住宿	大约 280 英里（约 450 公里）/5 小时 30 分钟
第二天	早晨 ~ 上午 下午	大峡谷观光 向佩吉移动 ♦ 佩吉住宿	大约 140 英里（约 225 公里）/3 小时
第三天	早晨 上午	马蹄湾观光 羚羊谷观光 ♦ 佩吉住宿	
第四天	白天	波浪谷观光 ※ 网络上抽签并被选中作为条件 ♦ 佩吉住宿	
第五天	上午 下午	向纪念碑谷移动 纪念碑谷观光 ♦ 纪念碑谷住宿	大约 120 英里（约 195 公里）/2 小时 30 分钟
第六天	早晨 ~ 上午 下午	向拱门国家公园移动 拱门国家公园观光 ♦ 摩押住宿	大约 150 英里（约 240 公里）/3 小时
第七天	上午 下午	峡谷地国家公园观光 魔怪谷州立公园、圆顶礁国家公园 经过夕阳观景点前往托雷 ♦ 托雷住宿	大约 160 英里（约 260 公里） / 加上观光 6 小时
第八天	早晨 ~ 上午 下午	从托雷向布莱斯峡谷移动 布莱斯峡谷国家公园观光 ♦ 布莱斯峡谷住宿	大约 130 英里（约 210 公里）/2 小时 30 分钟
第九天	上午 下午	布莱斯峡谷观光或锡安国家公园观光 向莫阿帕移动 ♦ 莫阿帕住宿	大约 230 英里（约 370 公里）/5 小时
第十天	上午 下午 傍晚	火焰谷州立公园观光 向拉斯维加斯移动 到达拉斯维加斯	大约 60 英里（约 100 公里）/1 小时 30 分钟

World Spectacular Road
Globe Trotter's Choice

绝对想要去的地方！奇岩绝景

中国具有代表性的山水画绝景

武陵源风景名胜区

Wulingyuan

中国 CHINA

世界自然遗产

这是在电影《阿凡达》中，
矗立在潘多拉星球上的哈利路亚山。
满眼险峻奇峰和葱郁绿植的奇幻景观，
的确会带给人科幻片中的外星空间的感觉。
“武陵源”这个名称，
出自唐代诗人王维的七言绝句《桃源行》，
也是美丽风景地代名词。
1980 年，画家黄永玉被这里的景色深深震撼，
在他的提议之下，这一带被正式命名为武陵源风景名胜区。
接下来就让我们一起去感受一下中国首屈一指的奇岩地带
武陵源风景名胜区的美景吧！

电影《阿凡达》中哈利路亚山的原型——乾坤柱

武陵源风景名胜区 WULINGYUAN

主要的景点及游览方法

在武陵源风景名胜区内，有超过 3100 座高 200 米以上的石英岩岩柱。这样的景观源自古生代以来不断的地壳变动所造就的喀斯特地貌，经过长年风雨侵蚀而逐渐形成。另外，这一带还有将近 40 个规模巨大的钟乳洞。1992 年武陵源因为“十分优越的自然美景和具有重要美学价值的震撼的自然现象及其地域”而被联合国教科文组织列为世界自然遗产。

武陵源大门的别称叫作“标志门”，是一座美丽的高塔

◆张家界国家森林公园

是位于武陵源风景名胜区西南部的地域广大的中国最早的国家森林公园。由多个景区构成。尤其是电影《阿凡达》当中作为哈利路亚山原型的美丽的岩柱——乾坤柱，以及宽幅 3 米、厚度 5 米、从地面算起高度为 400 米的天然桥梁“天下第一桥”，还有著名的百龙天梯的**袁家界景区**，全长 6 公里的可在林中漫步的游览线路，可以由下方向上仰视岩柱的**金鞭溪景区**，在海拔高 1092 米的山顶上建造的 1.6 公里的环状游览道路，以及好似 5 根手指立起的五指峰所在的**黄石寨景区**，都非常值得一看。

张家界国家森林公园北侧还有**杨家界景区**，海拔 1130 米的一步登天，以及从清代末期到民国时期作为土匪根据地建造的村落乌龙寨等，都是十分著名的景点。

◆天子山自然保护区

位于武陵源风景名胜区西北部的大片区域。这里有开阔的视野，可以看到日升日落、绝景云海等各种各样壮美的景观。**茶盘塔景区**在大观台及悬崖峭壁处设置了多个观景台。此外，这里还在海拔高约 1000 米的岩石之上打造了超人气的观光景点空中田园，都非常值得一看。

天子山自然保护区的西侧山顶附近还有**贺龙公园**。四周高高耸立的细窄岩石上生长着苍松翠柏，看上去好似笔的样子，因而被命名为御笔峰，这里有许多这样精彩绝美的景观。从茶盘塔景区到贺龙公园这一带被称为天子山精品游览线路的区域还可以俯瞰下方索溪峪自然保护区的各种美景。

◆索溪峪自然保护区

以武陵源区为中心划分为向西沿着索溪湖的**十里画廊**、以南的**宝峰湖景区**，还有以东的**黄龙洞景区**。在十里画廊与天子山自然保护区相通的缆车附近，还有看上去好似手持花篮的女性姿态一般的岩柱仙女散花，一定不要错过。

此外在宝峰湖，可以乘坐游览船尽情欣赏山水画风景，在黄龙洞总长 7.5 公里、高低差 140 米的巨大钟乳洞中参观也是非常有趣的体验。

1 张家界国家森林公园中十分值得一看的五指峰
2 空中田园
3 天下第一桥，在高度 400 米的位置出现的自然小桥
4 在宝峰湖上乘坐游览船观赏奇岩美景

交通 · 当地旅游团等

距离武陵源以南约 30 公里的张家界市是游览进出的门户，可以在国内的主要城市乘坐航班抵达。从北京、上海以及广州飞来的航班较多。此外由北京、上海、广州以及长沙等地出发也可以乘坐列车前往张家界市。从张家界市到武陵源风景名胜区有频繁的巴士往来，所需时间大约 1 小时。

武陵源风景名胜区入口处的武陵源区有住宿的地方。如果是多日观光的行程住在武陵源区会比在张家界市更方便。此外在武陵源风景名胜区的山上也有少量的旅店，想观赏日出的话可以考虑在山上住宿。

张家界市周边除了武陵源风景名胜区以外，还有被誉为“最美空中花园”的天门山以及有着生动景观的张家界大峡谷等景点。考虑到这些周围观光的景点，可以在武陵源区与张家界市分别住上一两晚。

从武陵源区出发的观光方法

在武陵源自由活动的途中随处可以看到顽皮的猴子

武陵源风景名胜区总面积大约为 369 平方公里，分为**张家界国家森林公园、天子山自然保护区、索溪峪自然保护区**以及**杨家界景区**这四大区域（也有说杨家界景区属于张家界国家森林公园的一部分）。在这些景区中分布着各种各样的奇岩险峰以及绝美景点，仅观赏其中的主要景点最少也需要两天的时间，尽可能预留三日以上的时间。

入园的大门也有多处，以武陵源区为基础来游览的话，可以从张家界自然保护区入口的森林公园大门（南门）或者索溪峪自然保护区入口的武陵源大门进入。武陵源风景名胜区内有免费的巴士来往，不仅可以乘车到达观光景点，各区域之间的移动也非常方便。此外，前往山上附近的景点还可以乘坐户外电梯或者缆车。

天子山、黄石寨以及杨家界都设有上山的缆车

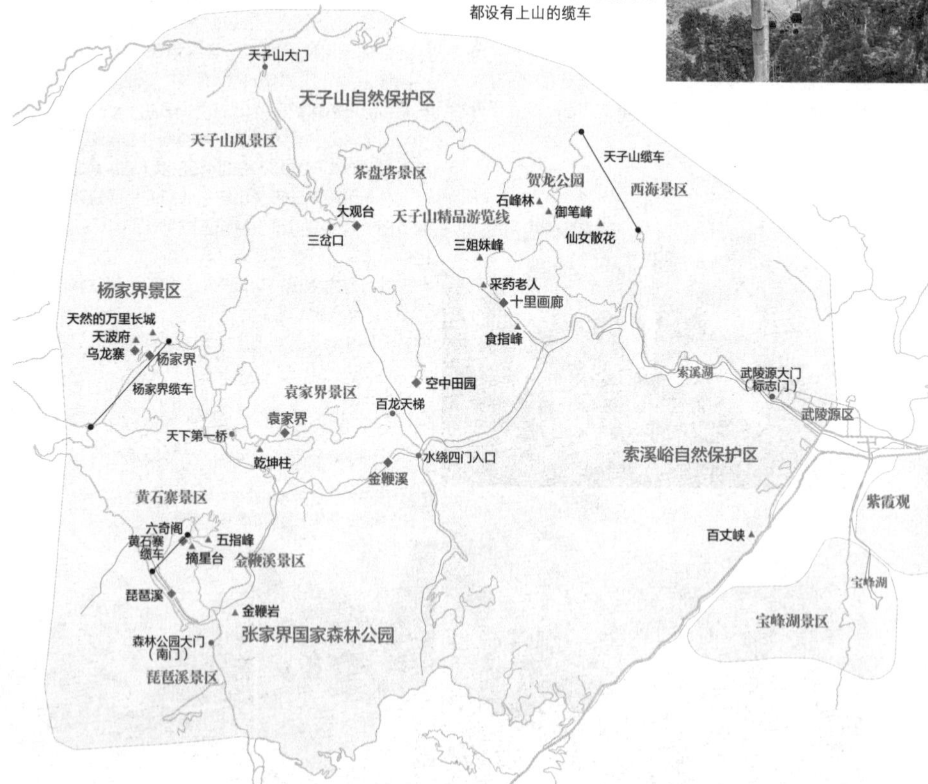

畅游武陵源 2 晚 3 日经典线路

日期	时间	日程
第一天		张家界国家森林公园观光
	早晨	进入森林公园大门后乘坐免费游览车前往黄石寨缆车车站。乘坐缆车到达山上黄石寨景区，
	上午	在环状游览道路上自由活动
	下午	下山后，在金鞭溪景区自由活动
	傍晚	在水绕四门乘坐免费观光巴士前往武陵源大门
第二天		张家界森林公园内袁家界景区、杨家界景区、天子山自然保护区观光
	早晨	从武陵源大门乘坐免费观光车前往水绕四门
		乘坐百龙天梯登山之后再乘坐免费巴士前往袁家界景区。在袁家界自由活动（约 1.5 小时）
	上午	乘坐免费巴士前往杨家界景区
		乌龙寨往返（大约 1.5 小时）
		乘坐免费巴士前往天子山自然保护区
	下午	从三岔口出发进行空中田园观光（大约 1 小时）
		乘坐免费巴士前往贺龙公园。在周围自由活动
		乘坐天子山缆车下山。再乘坐免费巴士前往武陵源大门
第三天		索溪峪自然保护区观光
	早晨	从武陵源大门乘坐免费巴士 + 单轨道车前往十里画廊
	上午	从十里画廊出发前往武陵源大门后自由活动（大约 1.5 小时）
		时间富余的话还可以乘坐宝峰湖的游览船或者去黄龙洞参观
	下午	午后，从武陵源返程

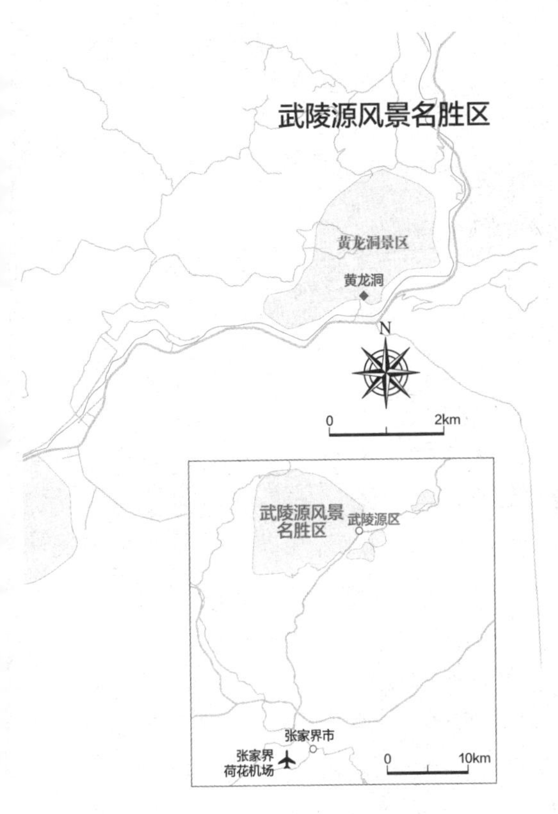

建造在绝壁悬崖上的百龙天梯是世界上最高的户外电梯。66 秒即可登上 330 米高的山顶

绝对想要
去的地方！
奇岩绝景

广泛分布在土耳其中部安纳托利亚高原上的
大型奇岩地带卡帕多西亚，
蘑菇状的岩石作为其代表，
无数奇岩怪石集中在一起形成神秘而不可思议的景观。
作为世界范围内旅行爱好者一生中必去一次的场所，
这里被列入了许多人的人生愿望清单之中。
卡帕多西亚的奇岩绝景十分出名，
而实际上在奇岩景观中还保留了许多大规模的基督教壁画，
以及不可思议的地下城市等，
都有着非常高的历史、文化价值。
一边观赏着有趣的奇岩怪石，一边追溯着这片土地的神秘历史，
这样的旅程一定会充满乐趣。

蘑菇岩等奇岩塔石布满大地

卡帕多西亚

Kapadokya

主要的景点及游览方法

大约在距今 300 万年前，这一带的两座火山猛烈喷发。于是大量的火山灰落在凝灰岩层之上，和熔岩一起形成了玄武岩层。凝灰岩很容易受到风雨的侵蚀。经过长年累月，凝灰岩层被打磨掉许多，而留下了许多玄武岩层。因此在卡帕多西亚，不只有凝灰岩的岩柱，还矗立着很多眼睛可能分辨不清但顶头部位保留有坚硬玄武岩的不可思议的岩柱。

这片区域从公元前 4000 年左右开始便有人类在岩石中凿洞居住，在大约公元前 1350 年起的赫梯时代作为通商的要地而繁荣一时。大约 4 世纪时基督教徒的修道士在岩石中开凿洞穴居住。他们在洞穴中留存的壁画，如今也成了非常宝贵的文化遗产。

◆格雷梅国家公园 Goreme National Park

一般说到卡帕多西亚，人们在脑海中大多会浮现出这片格雷梅谷区域。这里有矗立着蘑菇岩的帕夏贝地区，有可以看到许多骆驼岩等奇特形状岩石的迪夫里特峡谷，有因三姐妹岩石等闻名于世的艾森特佩，还有对情侣来说特别具有人气的爱之谷，有连绵的山峰到了落日时分被染成一片红色的玫瑰谷及红谷等许多奇岩美景的胜地。除此之外，这里还保留有 30 余座岩洞教堂，其中在格雷梅露天博物馆中可以看到的教堂内的精美壁画被认为创作于 12~13 世纪。

◆乌奇希萨尔 Uchisar

位于格雷梅和内夫谢希尔之间的城市。有着

“尖塔”含义的一块巨大的岩石城堡矗立在城市的中心。从乌奇希萨尔城堡向下俯视格雷梅的奇岩风景堪称绝美。在格雷梅和乌奇希萨尔之间有全景格雷梅，在乌奇希萨尔的南侧还有大鸽房。

◆代林库尤地下城和凯马克勒地下城

Yeralti Sehri-Derinkuyu&Kaymakli

这一带保留有 30 座以上的地下城市，其中最具有代表性的就是代林库尤地下城和凯马克勒地下城。据推测，地下城于公元前 400 年左右开始建造，即使到了今天关于城市的起源和历史还有着诸多谜团。地下城中道路错综交织，在多层的城市当中还区分有居所、礼拜堂、厨房以及粮食库等不同的区域。

1 在乌奇希萨尔巨岩石峰的城堡周围还林立着许多奇石岩柱的居所
2 格雷梅国家公园内的迪夫里特峡谷中标志性的骆驼岩
3 以红色奇岩及地层为特征的红谷
4 格雷梅露天博物馆中数量众多的岩洞教堂。教堂内部的精彩壁画均创作于 12~13 世纪
5 代林库尤迷宫一般的地下城。据说这里曾经是逃避阿拉伯人的基督教徒居住过的地方

位于奇岩带中心的格雷梅城镇。部分酒店和餐厅的设施是岩洞的造型

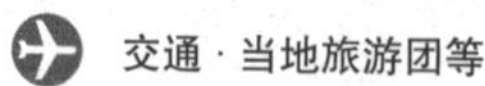

交通·当地旅游团等

卡帕多西亚旅游的门户城市是内夫谢希尔。机场位于内夫谢希尔城市西北部约 30 公里外的图兹柯伊。可以先乘飞机到达伊斯坦布尔再换乘土耳其国内的航班。从内夫谢希尔机场到作为**卡帕多西亚观光重点区的格雷梅国家公园及其周边的城镇（于尔居普、格雷梅、乌奇希萨尔、恰乌辛）**，会有配合航班到达的区间车运行。此外，从伊斯坦布尔等土耳其主要城市到内夫谢希尔也有许多长距离的巴士可以乘坐。考虑到与土耳其国内观光相结合可以利用这种长距离的巴士。

卡帕多西亚的游览方法

卡帕多西亚的观光景点比想象中分布得更广，因此想要高效游览可以参加当地的旅游团，会更方

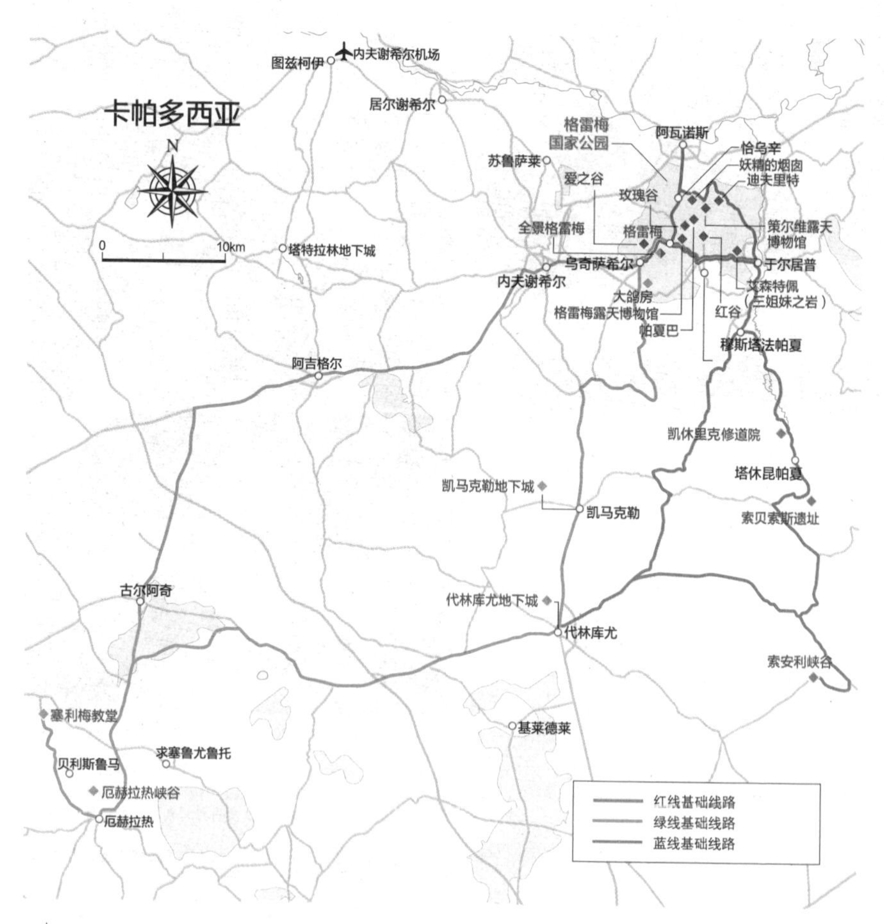

便些。尤其是可以看遍格雷梅国家公园中心部景点的**红线之旅**、能够参观地下城以及厄赫拉热峡谷等西南部景点的**绿线之旅**，还有可游览索安利峡谷等景点的南部**蓝线之旅**，当地大部分的旅行社都会有这些线路。在住宿的酒店当天申请即可。各旅行社的活动内容多少会有些区别，因此预约时可以将自己的期望告知接待人员，有可能会多增加一些行程。基本上如果只停留一天的话就不要犹豫选红线，有 2 天时间的话选红线 + 绿线，3 天就可以全都参加。

红线之旅所游览的区域包括很多卡帕多西亚的景点，并且范围比较集中。租车的话个人也可以游览完（原则上需要国际驾照）。此外，到了卡帕多西亚一定要去体验的就是**热气球之旅**。赶在清晨风力平稳的时段出发，飞行时长在 50~90 分钟。在广阔的天空中眺望卡帕多西亚的绝美景色非常值得一试。热气球的项目由于天气原因会有暂停的可能，因此如果非常想参加的话建议多停留几日。

除热气球项目之外，格雷梅国家公园内的玫瑰谷深处还有**四轮越野车项目**，以及在奇岩群中**骑马散步**的项目等，都具有较高人气。

卡帕多西亚停留期间很值得一看的中东传统旋转舞 Sema

红线的主要行程

时间	日程
上午	＊格雷梅露天博物馆参观
	＊格雷梅全景观光
	＊乌奇希萨尔观光
中午	＊阿瓦诺斯午餐
	＊阿瓦诺斯陶艺体验
下午	＊迪夫里特峡谷观光（骆驼岩等）
	＊帕夏贝地区观光（蘑菇岩等）
	＊策尔维露天博物馆观光
	＊三姐妹之岩等艾森特佩地区观光

蓝线的主要行程

时间	日程
上午	＊代林库尤地下城观光
	＊索安利峡谷自由活动（约 2 公里、45 分钟）
中午	＊索安利峡谷用餐
下午	＊索贝索斯遗址观光
	＊凯休里克修道院观光
	＊穆斯塔法帕夏教堂参观

绿线的主要行程

时间	日程
上午	＊全景格雷梅观光
	＊代林库尤或者凯马克勒的地下城参观
	＊厄赫拉热峡谷自由活动（约 3 公里、1 小时）
	＊贝利斯鲁马午餐
中午	＊塞利梅教堂参观
下午	＊大鸽房观光

※ 各旅行社的出团时间基本都是 9:00 左右，16:00~17:00 返回。热气球项目之后也可以参加

※ 红线以及绿线每天都会有许多旅行社带团前往。蓝线可能会有暂停的日子

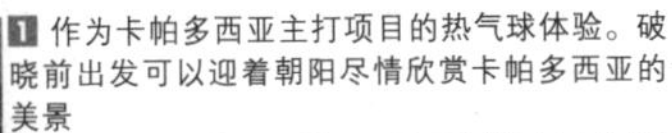

1 作为卡帕多西亚主打项目的热气球体验。破晓前出发可以迎着朝阳尽情欣赏卡帕多西亚的美景

2 一般的旅行社不可进入，而四轮越野车可以深入卡帕多西亚的深处游览

有关岩石种类的基础知识 & 名词集锦

地球表面被各种各样的岩石覆盖着。许多岩石的起源都要追溯到几千万至几亿年以前，与当时地球上发生的事情有着千丝万缕的联系，最早的岩石是于 20 世纪 80 年代在加拿大西北部发现的约 40 亿 3000 万年前的 Acasta 片麻岩（花岗岩的一种）。从地球诞生到现在，在约 46 亿年的漫长岁月当中，岩石成了地球历史的真实见证者。

岩石的种类

火成岩

由岩浆演变而来的岩石。岩浆的组成成分多种多样，有在火山喷发之后凝固而成的火山岩，有侵入地壳深层逐渐冷却凝固的深成岩等，形成方式各有不同，因而种类也十分丰富。

◆具有代表性的火山岩：玄武岩、安山岩、英安石

◆具有代表性的深成岩：花岗岩、辉长岩

安山岩在不断的侵蚀风化过后形成的达沃尔哈・瓦罗斯魔鬼城奇景（→ p.105）

堆积岩

火山喷发时火山灰堆积形成的岩石。由火山碎屑流中含有的小石块以及火山粉碎物等微小颗粒堆积而成的岩石（一般堆积岩），还有珊瑚或者放散虫等海洋生物的残骸堆积而成的岩石（生物起源堆积岩）。

◆火山灰堆积岩的代表性岩石：凝灰岩（由于是火山喷发直接形成的岩石，因此被一些人认为是火成岩）

◆一般堆积岩的代表性岩石：砾岩、砂岩、泥岩（也包括粉砂和页岩）

◆生物起源堆积岩的代表性岩石：石灰岩、白垩、白燧石

变成岩

已经形成的火成岩或堆积岩，由于受到之后的火山活动及地壳变动等因素的影响，受到热量和压力而产生组织变化的岩石。

◆代表性的变成岩：大理石（结晶质石灰岩）、角闪石岩（接触变成岩）、千枚岩、片麻岩等

需要了解的岩石・地质用语集合

●海蚀柱 sea stack

不是特别坚硬的陡岸（基本上是石灰岩或者火成岩），在海浪的不断侵蚀下保留为柱状岩石的模样。大部分分布在岸边附近，所以在波涛的不断拍打之下也许不久之后就会倒下直至消失。

主要的海蚀柱：攀牙湾（→ p.55）、十二使徒岩（→ p.184）

●火山颈 volcanic neck

在火山的管道之内逐渐固化的岩浆所形成的深成岩，之后随着不断地侵蚀火山被逐渐削磨，从而这部分岩石露出地表，这样的状态就被称为火山颈。

主要的火山颈：锡吉里耶（狮子岩）（→ p.65）、魔鬼塔国家保护区（→ p.133）

●喀斯特地貌 karst

容易受到流水侵蚀的石灰岩层等土地，在雨水或地下水等不断的侵蚀之下逐渐形成的地貌。除石灰岩以外的垩、泥灰岩、白云岩等地层也都很容易形成喀斯特地貌。在这样的地貌之下也经常会形成钟乳洞。此外，因温泉或矿泉等生成的石灰质化学沉淀——岩溶性灰华，其大量堆积造就的地形也被称为喀斯特地貌。

主要的喀斯特地貌：桂林（→ p.44）、黥基・德・贝玛拉哈国家公园（→ p.126）

●卡卢特 Kallut / 伊朗

在伊朗的卢特沙漠可以看到的巨大砂柱。波斯

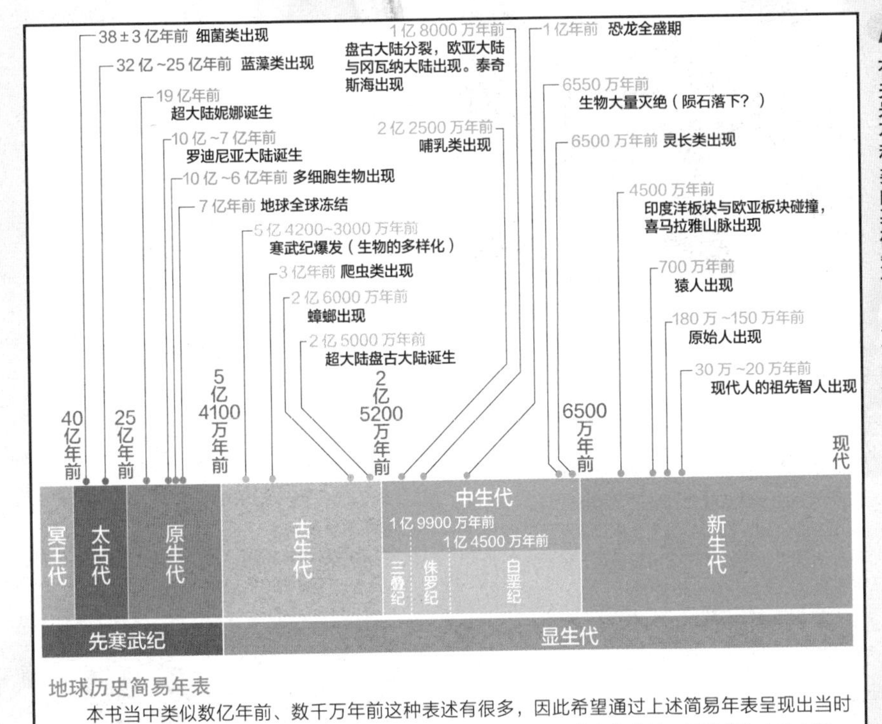

地球历史简易年表

本书当中类似数亿年前、数千万年前这种表述有很多，因此希望通过上述简易年表呈现出当时的年代发生过什么。各种事件所发生的年代根据不同学说也会有些许的差异，可以作为大体上的一个参考。

语当中带有繁荣含义的“卡卢”与卢特沙漠所在的地名“卢特”结合在一起而命名。

●**凝结物** concretion

化石等有机物作为核心物质，加之其周围的方解石（由碳酸钙组成）等高密度物质结合而成的凝结物。通常呈球形，经常被发现于泥岩或者砂岩之中。此外也有在大海沿岸等地，在海水的不断侵蚀之下从地层掉落下来的恐龙蛋一般的物质。w

主要的凝结物地点：摩拉基大圆石（→p.194）、保龄球海滩（→p.149）

●**丹霞地貌** danxia landform / **中国**

白垩纪的红色砂岩以及堆积岩（主要为砂岩和砾岩）形成隆起，在外界不断地侵蚀之下逐渐形成断崖或溪谷等。因中国广东省的丹霞山而命名。与喀斯特地貌的形成有些相似，但因为不是石灰岩层而有所区别。

主要的丹霞地貌：张掖丹霞地质公园（→p.51）

●**柱状节理** columnar joint

从火山喷出的岩浆在地表急速冷却硬化时产生收缩，从而容易显现出高低层次。尤其是十分规则的层次就被称为节理。柱状节理主要是在玄武岩固化的时候形成，节理的表面与岩浆面垂直形成柱状。收缩时为了达到均匀而形成了六角柱的倾向。

柱状节理的形成方式

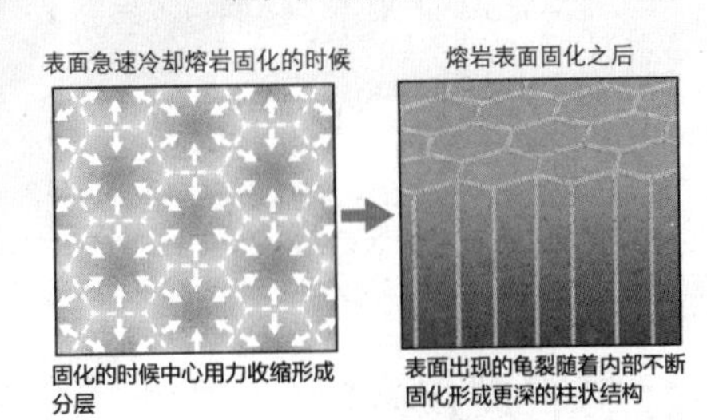

巨人堤道的柱状节理

收缩的中心点位置变动的话也可能会成为四角柱至八角柱。

熔岩在凝固的时候，表面带有圆润感的情形下发生龟裂进而形成放射状节理。除此之外，还有像安山岩等与熔岩的冷却面产生平行收缩倾向的板状节理，还有花岗岩等深成岩形成直方体状收缩的方状节理。

主要的柱状节理：巨人之路（→p.80）、芬格尔岩洞（→p.82）

●凝灰岩 tufa

从钟乳洞或泉水源头流出的含有石灰成分的水经过沉淀堆积而形成的岩石。石灰质化学沉淀岩作为凝灰岩的一种，尤其特指多孔质较软的岩石类型。

主要的凝灰岩：莫诺湖的泉华塔（→p.147）

●坏地 badland / 北美

由结合度较低的泥岩以及黏土等地层所构成，随着不断侵蚀而逐步成为峡谷状的地形。一般在北美以外不会这样称呼。美国南达科他州的的恶地国家公园也是由此得名。据说被原住民称呼为“恶地”的场所，就直接翻译成了英语“bad land”。

主要的恶地地貌：恶地国家公园（→p.134）、阿世石勒多环芳烃荒野石林（→p.141）、恐龙州立公园（→p.153）

●孤峰 butte / 北美

坚硬的地层和柔软的地层相接壤的区域经过长年风化侵蚀，坚硬的地层部分保留下来逐渐形成残丘状的孤峰。指的是与台地相比顶峰部分长度较短，看上去纵长的残丘。

主要的孤峰地点：纪念碑谷（→p.18）

●剑状地貌 pinnacle

Pinnacle在英语当中原本指的是“尖的”“顶点”的意思。喀斯特地貌和恶地地貌等土地上，像尖塔一般的柱状残丘经常被描述为剑状特征的地貌。

主要的剑状地貌：尖峰石阵（→p.178）、姆鲁山国家公园（→p.57）

●鳍石 fin / 北美

好像海豚的鳍一样薄而平的岩石在常年的侵蚀中逐渐形成了板状岩。

能够见到鳍石的主要地点：拱门国家公园（→p.20）

●峰林 hoodoo

也被翻译为土柱，指的是细长的岩石塔。形成直立石崖的砾岩和砂岩的岩层在常年的侵蚀中逐渐演化而成的样貌。

可以看到峰林的地点：布莱斯峡谷国家公园（→p.23）、奇里卡瓦国家保护区（→p.143）

奇里卡瓦国家保护区的峰林

●平顶山 mesa / 北美

硬度不同的地层在常年的侵蚀之中逐渐形成了桌子状的台地。顶上的部分横长较长的残丘也被称为平顶山。

●雅丹地貌 yardang/ 亚洲 · 中东

雅丹在维吾尔族的语言当中有着“带有悬崖的小山丘”的含义。指的是在常年风雨的侵蚀中地层较柔软的部分逐渐被打磨掉，而较坚硬的部分作为残丘保留下来的地形。在中国和中亚会这样称呼。

主要的雅丹地貌：敦煌雅丹国家地质公园（→p.42）

亚洲

ASIA

亚 洲 极 具 魅 力 的 奇 岩 · 巨 石

14 敦煌雅丹国家地质公园 Dunhuang Yardang National Geopark
15 黄山风景区 Mount Huangshan
16 桂林喀斯特地貌 Guilin Karst Hills
17 石林风景区 Shilin Karst - Stone Forest
18 梵净山 Mount Fanjing
19 华山 Mount Hua
20 三清山 Mount Sanqingshan
21 武夷山 Mount Wuyi
22 张掖七彩丹霞旅游景区 Zhangye Danxia National Geological Park
23 甘泉大峡谷 Ganquan Grand Canyon
24 靖边龙洲丹霞波浪谷 Jingbian Red Sand Rock Canyon
25 大浦海岸柱状节理带及龙头岩 Jusangjeolli Cliff & Yongduam Rock
26 特勒吉国家公园的龟石 Turtle Rock (Terelj National Park)
27 攀牙湾国家公园 Ao Phang Nga National Park
28 姆鲁山国家公园 Gunung Mulu National Park
29 下龙湾 Ha Long Bay
30 海神庙 Tanah Lot Temple
31 波巴山 Mount Popa (Taung Kalat)
32 大金石 Kyaiktiyo Paya (Golden Rock)
33 克里希那黄油球 Krishna's Butter Ball
34 亨比的巨石地带 Hampi
35 锡吉里耶（狮子岩） Sigiriya (Lion Rock)
36 马萨达国家公园 Masada National Park
37 坎多万 Kandovan
38 格什姆岛星星谷 Stars Valley - Qeshm
39 卢特沙漠沙城 Sand Castles - Lut Desert
40 迈达因萨利赫古城 Madâin Sâlih
41 瓦迪拉姆（月亮谷） Wadi Rum
42 达尔阿尔哈贾尔 Dar al-Hajar
43 卡茨基柱 Katskhi Pillar
44 老戈里斯的洞穴住宅 Old Goris
45 乌斯秋尔特高原 & 托兹巴伊鲁盐湖 Ustyurt Plateau & Tuzbair Salt Lake
46 恰伦大峡谷国家公园 Charyn Canyon National Park
47 斯卡兹卡峡谷 Skazka Canyon

高人气摄影景点——孔雀岩

中国 CHINA

沙漠之中出现的奇岩群地带

敦煌雅丹国家地质公园

DUNHUANG YARDANG NATIONAL GEOPARK

曾作为电影《英雄》拍摄地的敦煌雅丹国家地质公园，大约在 250 万年前的第四纪，堆积层中柔软的部分经过数十万年的风雨打磨，形成了有着各种各样岩石群的著名景点。在 346.34 平方公里的广大沙漠地带，分布着形态各异的怪石，因其奇怪的样子也被称为“魔鬼城”。

主要的景点及游览方法

公园之内铺设有游览道路，来往有周游的巴士。想要去游览道路以外的景点可以租越野车前往。这一带分布着各种各样的岩石，不能错过的便是貌似内蒙古牧民所居住的蒙古包岩群，好似斯芬克斯的狮身人面岩、生动的孔雀岩，最著名的是舰队出海，其造型犹如整齐排列的舰队驶向大海。

沿着游览道路可以观赏到蒙古包岩群

交通 · 当地旅游团等

将敦煌作为起点。一般可以在各主要城市乘坐国内航班。从西安前往敦煌有穿越戈壁沙漠的火车，但很耗时间（所需时间约 22 小时）。敦煌雅丹国家地质公园位于城市西北 180 公里的地方。没有公共交通，可以选择当地的旅游团或者租车前往。

清晨，被雾气笼罩的黄山美如水墨画一般

中国 CHINA

“天下名胜，集于黄山”

黄山风景区

MOUNT HUANGSHAN

自古以来，在中国的文人当中就流传着“黄山归来不看岳”这类赞叹的说法，黄山便是有着如此之高地位的山岳名胜景区。据考证，这里的古生代地层在经过了1亿多年冰河以及雨水的侵蚀后，逐渐形成了成排林立的绝美岩峰景观。

主要景点及游览方法

成为名景的飞来石

虽然也可以从山脚的温泉区登山，但一般都会选择风景区内的4条缆车登山观光。从黄山市出发的话当天就可能游览完。不过这里的日出非常漂亮，所以如果可能的话，建议在山上的旅店住宿一晚。

黄山有72座连绵的山峰，海拔超过1800米的三座主峰分别为莲花峰、光明顶和天都峰。除此之外，势如空中飞来一般矗立于地表的飞来石等著名景点也很值得一看。

交通 · 当地旅游团等

从黄山市前往黄山风景区乘坐巴士大约1小时30分钟。

中国 CHINA

水面泛舟而行，陶醉在山水画卷之中

桂林喀斯特地貌

GUILIN KARST HILLS

被誉为“山水甲天下”的桂林，有着可以令人亲眼观赏到山水画世界的绝美景色。这一带在3亿年前的古生代曾经是一片汪洋，在约1.8亿年前的侏罗纪由于地壳变动而隆起。被石灰岩所覆盖的地层，在雨水的侵蚀下柔软的部分被不断打磨，逐渐形成如今这般岩山林立的景观。在岩山之间沿平静的漓江泛舟而下，可以尽情体味从古至今不曾改变的优美景色，这也是感受桂林的最好方式。

1日落时分坐在游船上享受迷幻的绝美景色
2想在桂林市内欣赏到绝景可以登上叠彩山看看
3在漓江上经常可以见到养鱼鹰（学名鸬鹚）的人

主要的景点及游览方法

◆泛舟漓江

从桂林可以乘坐游船泛舟漓江之上，乘船前往桂林以南约 70 公里的阳朔，全程用时 4 小时 30 分钟。漓江两岸有许多喀斯特地貌的岩山，会令人感觉仿佛置身山水画卷之中。泛舟江上的途中，还能够看到江面上传统的饲养鹈鹕的景象。

乘船顺水而下，还有许多不可错过的景点。

首先就是**九龙戏水**。好似飞龙在玩水一般的岩石形状，据传说天帝曾命令飞龙将桂花摘来。美丽的**杨堤风光**也不可忽略，这里也是最具桂林特色的景观，羊蹄形状的山峰成为其标志。天帝的皇女好不容易追赶到羊，为漓江小船上飘出的笛音所深深着迷，便决定在这里住下。

◆叠彩山

由桂林市内的四望山、千越山、明月峰以及白鹤峰组成的山峰的总称。登上这些峰顶都能够看到绝美的景色。

交通 · 当地旅游团等

可以从各主要城市乘坐国内航班或火车抵达。作为桂林主要观光项目的游船可以在桂林市漓江风景名胜区市场拓展处申请。个人乘坐漓江游船，还要从终点的阳朔乘坐返程的巴士（所需时间 1 小时）。有许多旅行社的线路都会包含归程巴士，因此参团也很方便。

■桂林市漓江风景名胜区市场拓展处

URL www.lijiangriver.com.cn

中国 CHINA

中国云南绝对不可错过的巨石森林

石林风景区

SHILIN KARST - STONE FOREST

与桂林一起作为“中国南方的喀斯特地貌”而被列入联合国教科文组织世界遗产名录的石林风景区。石林是这一带 350 平方公里巨大规模的喀斯特地貌的总称，一共被划分为 7 个区域。其中在大石林风景区和小石林风景区，可以看到最高 40 米的石灰岩山峰连在一起的奇特景观。沿着游览步道下行后向上眺望，或者登上观景台后由上向下俯视……从各种各样的角度和地点观赏岩石森林，可以真切地感受到自然巨大的力量和神秘。

1 小石林成为石林风景区中十分引人注目的景区
2 小石林的阿诗玛岩
3 九乡风景区的钟乳洞被灯光映照出五颜六色的缤纷景象

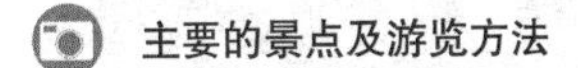

主要的景点及游览方法

大石林风景区和小石林风景区内铺设的 7 公里游览步道干净而平整。道路上还有电动车可以通行，与徒步搭配组合可以提高观光效率。

◆大 · 小石林风景区

大石林风景区是石林最具代表性的景点，写有红色大字“石林”的巨石迎接着八方游客的到来。风景区内的游览步道被命名为石林迷宫，进入岩石森林当中也许真的会迷路。这里有大象一般姿态的象踞石台，还有好像两只鸟在啄食似的双鸟渡食，有许多起着生动名字的奇岩怪石。这里还设置有许多观景台，推荐一定要站在设于最高处的望峰亭上向下眺望一番。

在相邻的小石林风景区中，看上去好似戴着帽子、背着箩筐的当地少数民族（彝族撒尼人）少女一般的岩石一定要看一看，名字叫作阿诗玛。

◆九乡风景名胜区

位于昆明以东 90 公里的地方。被誉为“地上石林，地下九乡”，精彩的钟乳洞观光让人感觉乐趣十足。

交通 · 当地旅游团等

将昆明作为起点。石林风景名胜区位于昆明东南方向大约 100 公里的地方，昆明东部的公交枢纽有直通巴士，行程大约为 1 小时 30 分钟。此外，从昆明出发的旅行社也推出有半日或 1 日的旅游团，建议参团前往。

石林风景区官网

URL www.chinastoneforest.com

小石林风景区内卖花的彝族撒尼姑娘们

金顶之上有供奉着弥勒菩萨和释迦牟尼的寺庙

中国 CHINA

人们相信登到山顶就会获得幸运

梵净山

MOUNT FANJING

作为中国佛教十山之一的弥勒菩萨的圣地而闻名于世的梵净山。山上曾经有 48 座寺院，在上千年的漫长岁月当中曾有许多僧人在此修行。高度为 100 米的奇岩峰金顶之上（海拔 2336 米）分为了两个部分，分别在两个顶峰建造了供奉弥勒菩萨和释迦牟尼的大殿。

主要的景点及游览方法

梵净山作为佛教圣地其重要性不言而喻，除此之外，这一带还是拥有 560 平方公里广大地域的自然保护区。也是世界上同一纬度带几乎完全保留了原始生物形态的唯一地区，因此也被誉为“动植物基因宝库”。

梵净山最高光的地方就在金顶之上。清晨这里经常被红色的云雾所包围，因此也被称呼为红云金顶。“红云”和汉语当中的“鸿运”发音相近，所以人们相信登上山顶一定会获得幸运。此外，登山途中观景台附近的蘑菇石也一定要去看一看。规模最大的高达 10 米左右。

排列着蘑菇岩的奇特景观也是值得观赏的景点之一

交通 · 当地旅游团等

以中国贵州省东部城市铜仁作为起点，从这里乘坐巴士约需 1 小时 30 分钟。可以先到贵州省省会贵阳市，再从贵阳乘坐巴士前往铜仁，一般来说需要约 1 小时 30 分钟。梵净山有缆车可以到达海拔 2100 米的地方。从那里徒步至金顶需要 1~2 小时。贵阳的旅行社也有前往梵净山的当日团或 2 天 1 晚的旅游团可以选择。

前往西峰山顶的登山道路险峻而陡峭

中国 CHINA

这里有着异常惊险的登山道路

华山

MOUNT HUA

华山由海拔高度 2154.9 米的南峰与 2000 米左右的花岗岩岩山以及五峰山等组成，被誉为天下奇险第一山，有许多落差在 1000 米以上的峭壁，因这种巨大规模的美景而被评为中国国家级风景名胜区。

主要的景点及游览方法

华山作为道教的修行地而远近闻名。如今山上依然居住着修行僧。游览时可以像修行僧一样从山脚下沿着台阶一步步登上去，也有两道缆车可以有效利用以节省时间和体力。推荐乘坐缆车到达北峰正下方的半山腰处，之后，再步行游览长空栈道、南峰以及西峰，最后再乘坐世界最长级别的索道下山。长空栈道也被誉为“世界第一危险”的登山道路。沿着海拔高 2000 米的断崖绝壁在宽度 50 厘米左右的木椽上通过着实刺激。

交通 · 当地旅游团等

将西安作为行程的起点。从西安到华山乘坐火车大约 30 分钟，再从车站乘坐免费的巴士大约 10 分钟。此外，从西安出发也有前往当地观光的旅游团。

空中栈道虽然只有 100 米长，但对面的人也会相向而行，所以只是想想就觉得异常恐怖

三清山的拂晓，云海之中
矗立着花岗岩的山峰

中国 CHINA

东方最美的花岗岩峰地带

三清山

MOUNT SANQINGSHAN

因地壳变动而隆起的花岗岩层，因经受不住持续的压力变化而产生节理分层，又经过大约 6000 万年的风化侵蚀，逐渐形成了如今的奇岩群峰三清山。玉京、玉虚、玉华三座山峰挺拔醒目，好似道教的三位尊神落座一般，因而得此命名。美丽的花岗岩外层在东方也算是首屈一指，可以在岩石表面铺就的步道上边漫步边欣赏各种各样的奇岩风景。尤其是看上去如同女神一般的东方女神、好似蟒蛇直立而起的巨蟒出山等都很值得一见。

交通 · 当地旅游团等

从上海乘坐火车前往作为观光起点的玉山，路程大约 3 小时。从玉山再乘坐巴士到达三清山国家公园山脚，大约 1 小时。从山脚可以乘坐缆车上去，山上也有住宿的设施。

与黄山、桂林齐名的山水名胜地。这一带的沙砾岩岩石山沿着被称为九曲溪的河流错落排列，美丽的景观也被誉为碧水丹山。乘着竹筏沿九曲溪前行，在这途中几乎可以欣赏到武夷山富于变化的 9 种丰富表情。可以看到许多著名的景点，其中天游峰景区尤其不能错过，这美丽的风景也被明代文人徐霞客盛赞。武夷山一带生长着野生的茶树，用其茶叶制作的“武夷岩茶”是中国十大名茶之一。

交通 · 当地旅游团等

从各主要城市乘坐国内航班会比较方便。从厦门也可以乘坐高铁，大约 1 小时 10 分钟。武夷山风景名胜区位于从武夷山市出发，乘坐巴士 30 分钟车程的地方，来这里可以看到令人震撼的奇岩绝景。风景区内还可以乘坐专用巴士。

乘着竹筏顺流而下，尽情领略巨岩山水之美

武夷山

MOUNT WUYI

中国 CHINA

九曲溪沿岸矗立着一座座巨岩山峰

中国屈指可数的绝佳景点——具有超高人气的七彩丹霞公园

中国 CHINA

因七彩丹霞的美而闻名于世

张掖七彩丹霞旅游景区

ZHANGYE DANXIA NATIONAL GEOLOGICAL PARK

大概 1.1 亿年前这里曾经是一片巨大的湖泊，流入湖中的河水也带来了钙铁及各种各样的矿物质。这些矿物质不断堆积，之后又由于气候的变化以及地壳的隆起而形成了美丽的丹霞地貌。这便是张掖丹霞旅游景区。

主要的景点及游览方法

张掖七彩丹霞旅游景区被划分为 3 大区域。其中最具人气的是可以看到七种鲜艳颜色地貌的**七彩丹霞公园**。依旧很容易受到破坏的地层在不断弯曲褶皱之下形成的山峰，被各种各样的地层颜色装饰着。另一个值得一看的便是有着巨大残丘和岩柱的**冰沟丹霞公园**。位于七彩丹霞公园以西大约 10 公里的地方。最后还有被誉为中国大峡谷 Grand Canyon 的**张掖平山湖大峡谷**。各个景区均占地面积广大，公园内还运行着往来于各个观景点的巴士。

岩柱形成的残丘也很美丽的冰沟丹霞公园

交通 · 当地旅游团等

从各城市前往甘肃省省会兰州，再从兰州乘坐高铁前往张掖（所需时间约 3 小时 30 分钟）。七彩丹霞公园距离张掖大约 40 公里，乘坐巴士约 50 分钟。冰沟丹霞公园距离张掖约 52 公里。没有公共交通，可以租车前往。张掖平山湖大峡谷距离张掖大约 56 公里。有巴士往来，所需时间约 1 小时 30 分钟，从张掖前往张掖七彩丹霞旅游景区的旅游团也有很多。

中国 CHINA

泥石流造就的砂岩峡谷

甘泉大峡谷

GANQUAN GRAND CANYON

被誉为“中国的羚羊谷”的甘泉大峡谷。柔软的砂岩大地因数亿年前的大地震而产生龟裂，加之雨水和泥石流等大量涌入，打磨成如今奇特的景观。曲线流畅的岩石肌肤十分美丽。整个景区被划分为桦树沟、龙巴沟、牡丹沟、花豹盆这四个峡谷，如今依然会有一些细小的水流经过。可以参观哪一个峡谷，需要根据当日的水流状况来决定。

交通 · 当地旅游团等

以中国陕西省延安市作为起点。可以从各主要城市乘坐国内航班前往。从西安出发也有火车可以到达，所需时间约 2 小时 30 分钟。甘泉大峡谷位于延安西侧大约 70 公里的地方，但没有公共交通工具，可以选择当地旅游团随团或者租车前往。

2017 年陕西省地质勘察院所发现的巨大的丹霞地貌的峡谷。所谓丹霞地貌，指的就是含有铁分的砂岩、砾岩因造山运动产生隆起，地表发生酸化从而形成了独特的红霞色地貌，在中国的一些地方可以看到。这些都是大约 1.5 亿年前堆积的巨大沙丘硬化之后，经过长年累月的风化和侵蚀所形成的独特波纹等模样的岩石。是与美国的波浪谷相类似的景观。这一带还没有经过整体的商业化开发，但是为了保护好容易损坏的地貌，修建了观光专用的路板。

交通 · 当地旅游团等

将中国陕西省延安市作为行程的起点。可以乘坐国内航班前往。从西安有火车通行，所需时间约 2 小时 30 分钟。龙洲丹霞波浪谷位于延安市以北大约 150 公里的靖边县龙洲乡，那里没有公共交通工具，因此建议参加当地出发的旅游团或者租车前往。

自 2017 年开始逐渐被人们所知晓的奇岩地带

靖边龙洲丹霞波浪谷

JINGBIAN RED SAND ROCK CANYON

中国 CHINA

柱状节理的石壁抵挡着惊涛骇浪

韩国 R.O.KOREA

在这里可以看到韩国屈指可数的柱状节理岩石

大浦海岸柱状节理带及龙头岩

JUSANGJEOLLI CLIFF & YONGDUAM ROCK

作为济州岛的著名景点，在地质爱好者中具有超高人气的大浦海岸柱状节理带。为 25 万 ~14 万年前火山喷发的熔岩所形成的，与拍打着岩壁的惊涛骇浪组成了异常美丽的风景画。

主要的景点及游览方法

沿着海岸约 2 公里、高度约 30 米的柱状节理石壁堪称绝景。沿着石壁边缘修建有参观用的游览步道，可以站在这里尽可能地去领略美景的魅力。

如今依然颇具动感的龙头姿态岩石

除柱状节理带之外，在济州岛上不容错过的还有龙头岩。大概在 200 万年前，由于济州岛中部汉拏山喷发所产生的熔岩而形成的奇景。据传说，曾经住在龙宫当中的龙王想要升天，结果被神灵看到后将它变成了岩石。

交通 · 当地旅游团等

从各地乘坐飞机前往济州岛，景区位于济州岛的西南方。从机场可乘坐专车前往济州国际会展中心，这里距离大浦海岸柱状节理带就很近了。此外，龙头岩位于济州岛中心地的济州市的海岸上。

由自然之手造就的巨石艺术

蒙古国MONGOLIA

成为草原上鬼斧神工的地标

特勒吉国家公园的龟石

TURTLE ROCK (TERELJ NATIONAL PARK)

在曾经作为火山带的特勒吉国家公园，可以看到许多花岗岩的巨石。其中很像乌龟形态的龟石，不仅对于游客，对于当地人来说也是被爱护和崇敬的存在。

主要的景点及游览方法

特勒吉国家公园与首都乌兰巴托距离较近，因而这里也成了当地人不错的休憩场所。并且在地域广大的草原各处，都展露着各种形态的花岗岩岩石，作为登山和攀岩的地点也具有很高人气。最有特色的花岗岩之一龟石就矗立在特勒吉国家公园的入口附近。风雨侵蚀中逐渐形成的这个特勒吉国家公园的象征，高度约为35米。从岩石的后方可以攀登至15米左右高的龟石脖子附近。此外，龟石据说有令愿望成真的神力。

交通·当地旅游团等

位于乌兰巴托东北约60公里的地方。从乌兰巴托出发会有巴士途经那拉伊哈 Nalaikh 前往特勒吉国家公园，但车次很少不太推荐。参加当地可以住蒙古包的旅游团观光会更方便些。

有供观光客蒙古包住宿的游客营地

作为攀牙湾标志的詹姆斯·邦德岩

泰国 THAILAND

作为电影《007 之金枪人》的取景地而闻名于世

攀牙湾国家公园

Ao Phang Nga National Park

作为泰国南部安达曼海的绝色景点而远近闻名的攀牙湾。在浅滩附近分布有大小 160 余座石灰岩岛屿，富于变化的样貌使这里成了泰国屈指可数的美景胜地。此外，湾内还保留了珊瑚礁、湿地以及 88 种鸟类等宝贵的生态资源，也因此成为《拉姆萨尔公约》的列入地之一。

主要的景点及游览方法

大部分的游船都会经过以下两个景点。

首先是詹姆斯·邦德岩（塔普岛）。由石灰岩所形成的海蚀柱看上去好似刺入海中一般，因此被命名为塔普岛（钉子岩）。电影《007之金枪人》上映后，这里也被大众称为詹姆斯·邦德岩。这座岛位于有着美丽海滩的平柑岛的入江处。另一个就是攀伊岛。一个大约有 1500 人居住在一个由浅滩打造而成的水上房屋中的岛屿，岛民多为伊斯兰教徒。岛上还有清真寺。

160 座石灰岩岛打造出绝美景观

交通·当地旅游团等

在普吉岛参加当日返的旅游团是最简单的方法。此外还可以从普吉乘坐巴士前往攀牙湾游船码头（所需时间约 2 小时 30 分钟），从那里再坐船会比较划算。

好似热带雨林内突然出现的星罗盘

在热带雨林的冒险体验中可以观赏到的奇岩群

姆鲁山国家公园

GUNUNG MULU NATIONAL PARK

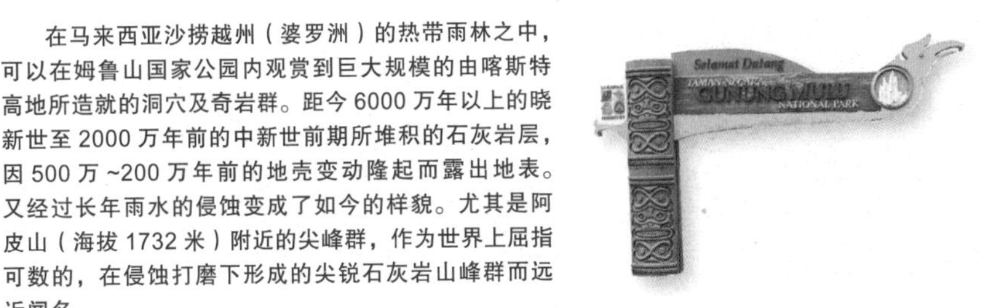

在马来西亚沙捞越州（婆罗洲）的热带雨林之中，可以在姆鲁山国家公园内观赏到巨大规模的由喀斯特高地所造就的洞穴及奇岩群。距今 6000 万年以上的晓新世至 2000 万年前的中新世前期所堆积的石灰岩层，因 500 万 ~200 万年前的地壳变动隆起而露出地表。又经过长年雨水的侵蚀变成了如今的样貌。尤其是阿皮山（海拔 1732 米）附近的尖峰群，作为世界上屈指可数的，在侵蚀打磨下形成的尖锐石灰岩山峰群而远近闻名。

主要的景点及游览方法

姆鲁山国家公园的观光，一般包含参观世界上屈指可数的巨大规模钟乳洞群，以及热带雨林中动植物的步行观赏。不过对于岩石爱好者来说，这一带作为与黥基·德·贝玛拉哈自然保护区齐名的“尖峰岩石群”也非常引人注目。

◆**尖峰石阵** Pinnacles

位于姆鲁山国家公园北部的尖峰岩石群。是在这一带的喀斯特地貌中，尤其受到严重侵蚀的地方，因而也形成了如今异样的地貌。想要去尖峰石阵游览，参加国家公园的旅游团最少也需要 2 晚 3 日的时间。从国家公园本部乘坐游艇在河上航行 1 小时左右，之后进入约 9 公里的热带雨林步行线路，而后前往被称为 5 号营地的住宿地。次日再以 5 号营地为起始点，开始当日往返的单程约 2.5 公里的热带雨林之行（山路），是很不容易才可以到达的一个景区。

◆**钟乳洞群** Limestone Caves

姆鲁山国家公园之内有数量众多的钟乳洞穴，游客可以参观的是其中的 4 所，行程较为轻松的是以下两个。迪阿洞穴作为深度 800 米的通路型洞穴为世界上最大规模，到了傍晚时分可以看到 200 万 ~300 万只蝙蝠飞出来觅食。那种壮观的景象好似天空中在舞龙一般。此外兰格洞穴虽然只有 170 米的深度，却可以看到被灯光点亮的炫彩钟乳石及石笋的美景。

交通·当地旅游团等

将国家公园入口处附近的姆鲁作为游览的起点。可以先乘坐国际航班前往哥打基纳巴卢，然后再换乘国内的航班，只不过每日仅有一个班次换乘不是很方便。此外，飞往姆鲁的航班还有从沙捞越州出发的 1 日两班。

在姆鲁山国家公园的观光行程中，想要去奇岩地带的山峰及钟乳洞参观的话就一定要参加国家公园的旅游团。

■ Gunung Mulu National Park

URL mulupark.com

1 热带雨林内徒步游的最后可以看到的尖峰奇景

2 溶洞之中带给人无尽幻想的震撼钟乳石之美

从蒂托普岛（天堂岛）观景台眺望下龙湾

越南 Viet Nam

拥有“海中桂林”别称的大型风景胜地

下龙湾

HA LONG BAY

下龙湾上分布着大小超过 2000 座石灰岩岛。据传说，在很早的时候，烦恼于外敌侵略的这一地带，在龙子降临之后一举击退敌人，大地上露出宝石，之后宝石变身为奇岩，于是便抵挡住了外敌使之不敢再进犯。峡湾的名称也由此而来（HA= 下，LONG= 龙）。

主要的景点及游览方法

这一地带属于喀斯特地貌，与中国南部的桂林同样在一个时期的地壳变动中石灰岩层隆起，之后常年受到雨水的侵蚀。大概在 12 万年之前，这里再次发生地表沉降，海湾之中的石灰岩岛保留下来成了如今的样貌。

下龙湾观光工具的选择当数游船。从当日往返到数晚的行程有多样可供选择。其中满足度最高的就是 1 晚 2 日的游船之旅。香炉岛和斗鸡岩等湾内珍有的奇岩游览都能涉及，从蒂托普岛出发的下龙湾全景游览、钟乳洞参观以及独木舟体验等也都可以一一实现。

交通 · 当地旅游团等

将河内作为行程的起点。下龙湾游船通过河内出发的旅游团乘坐最为方便。虽然也可以自己从河内乘坐巴士抵达作为下龙湾游船出发地的拜伊查伊（约 4 小时），然后乘船游玩，但有最低人数限制，因此不太推荐。

20 万越南盾上印刷的香炉岛

印度洋惊涛骇浪之下的海神庙

印度尼西亚 INDONESIA

被誉为巴厘岛的 6 大寺院之一

海神庙

TANAH LOT TEMPLE

位于巴厘岛西南部沿海的海神庙。16 世纪到达此地的高僧被海面上漂浮的小岛之美所震撼，并且告知村人“这里正是神应该降临的地方”，于是便开始在这里建造寺院。供奉海之神，如今也依然有神之化身的蛇在此栖息。近年来，作为寺院台座的岩岛在印度洋波涛的侵蚀之下有被瓦解的风险，于是在 ODA 的协助之下进行了修补和加强，涨潮的时候也可前往岛上参拜。岛上最美的便是印度洋日落时分的绝美景象。

交通 · 当地旅游团等

先乘坐国际航班到达巴厘岛。再参加从库塔 & 勒吉安、金巴兰、沙努尔或者努沙杜瓦等南部地区出发的旅游团去游览最为简单。个人可以在登巴萨换乘迷你巴士或者租车前往。

世界奇岩绝石 World Spectacular Rocks

波巴山是 25 万年前停止活动的死火山，海拔高 1518 米。这座山山脚下的岩峰唐卡拉，其特异的外观非常醒目，这里从蒲甘王朝（849~1298 年）时代开始就成了缅甸原住民信仰的圣地。据传说，山顶部位是在波巴山猛烈喷发之时，飞落到如今这个地方的，岩峰与波巴山河口的环形山大小几乎一样。岩峰海拔高度为 737 米，从山脚下开始建造了 777 级石级，山顶上建起的有着黄金宝塔的寺院也被称为“天空寺院”。

交通 · 当地旅游团等

将世界遗产之城蒲甘作为行程的起点。可以在缅甸的仰光换乘国内航班。波巴山位于蒲甘的东南方向约 50 公里的地方。从蒲甘可以乘坐出租车前往，还可以利用为外国人提供的拼车服务（所需时间 1 小时）。

缅甸人的圣地之一

波巴山

MOUNT POPA (TAUNG KALAT)

缅甸 MYANMAR

登上777级石级，前往当地原住民所信仰的圣地

充满神秘气氛的大金石

缅甸 MYANMAR

外表被金箔装饰的平衡石

大金石

KYAIKTIYO PAYA (GOLDEN ROCK)

作为缅甸人所憧憬的朝拜地点大金石，岩壁之外有着看似像刚刚坠落的巨石，巨石之上矗立着佛塔。岩石为花岗岩，高度为 6.7 米，周长 25.6 米。朝拜者捐赠的金箔贴满了岩石的外表，使之散发出美丽耀眼的光辉。

主要的景点及游览方法

据说在大金石的佛塔之中收藏着佛陀的头发，因此人们深信巨石能够保持平衡不会坠落。

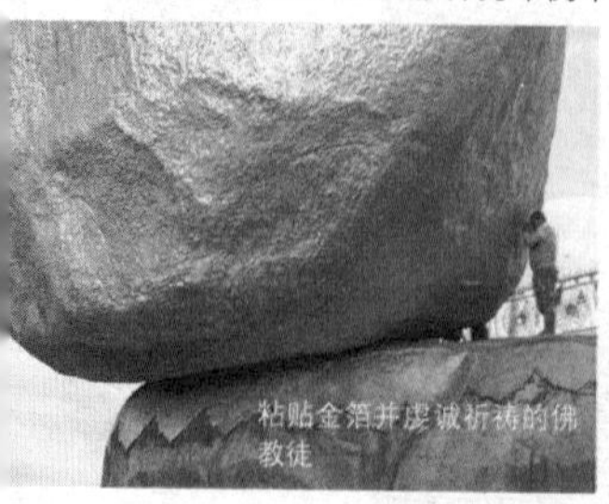
粘贴金箔并虔诚祈祷的佛教徒

还有这样的传说。11 世纪时将佛陀的头发藏在帽子中携带的僧人，请求国王“找到与自己的帽子相似的圆形岩石，并将佛陀的头发供奉其中”。于是国王命人将沉在海底的圆形岩石，以不可思议的力量运上山顶，之后便将头发长久供奉于此。KYAIKTIYO 便包含有僧侣帽子的意思。

交通 · 当地旅游团等

从仰光乘坐巴士至金波行程大约 4 小时 30 分钟，再从那里乘坐政府运营的公共卡车（单程 1 小时）。从仰光出发还有可当日往返的旅游团，因此想要高效游览的话还是建议参加旅游团。

※PAYA 在缅甸语中是佛塔的意思

如今看上去依然好像要从斜坡上滚下来的平衡石

印度 INDIA

据说大象也无法撼动

克里希那黄油球

世界文化遗产

KRISHNA'S BUTTER BALL

4~6 世纪曾经统治南印度的帕拉瓦王朝首都所在的马哈巴利普拉姆，当时的遗迹被列入世界遗产名录，其中之一便是像要从花岗岩斜面滚落下来的巨石黄油球。

主要的景点及游览方法

高度为 6 米，宽度约 5 米，重量据推测有 250 吨重的花岗岩圆形巨石。正式名称叫作瓦恩伊莱卡尔 Vaan Irai Kal（天空之神的石头），因形似克里希那神十分钟爱的黄油球而得此名。据说在帕拉瓦王朝时代曾经牵引大象过来想要挪动巨石，结果却没有成功。从下方看到的是一块圆形的巨石，而从内侧看则好像是使用刀子切过的黄油球。在马哈巴利普拉姆的花岗岩大地之上，还保留有其他被列入世界遗产名录的帕拉瓦王朝时代的遗迹，包括岩壁雕刻、石雕寺院以及石造寺院等。

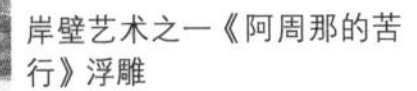
岸壁艺术之一《阿周那的苦行》浮雕

交通·当地旅游团等

先乘坐国际航班前往金奈，并将这里作为旅行的起点。克里希那黄油球位于距金奈以南约 60 公里沿海的玛玛拉普兰，从金奈乘坐巴士大约需要 2 小时。

印度 INDIA

岩石群与印度教遗迹融为一体

亨比的巨石地带

HAMPI

亨比一带在太古时代是一片巨大的花岗岩大地。作为 25 亿年前地球上露出最古老的地层之一，之后的岁月中受自然的风化和侵蚀，花岗岩大地被不断冲刷打磨，产生出数量众多的奇石及平衡石。这样的奇岩地带也曾经作为 14~17 世纪统治南印度的毗奢耶那伽罗王国的首都，建有许多的宫殿和寺院。在 26 平方公里的广阔土地之上，分布着多处奇岩带及石造痕迹，这种奇妙的融合也带给造访此地的人们许多乐趣。

成为亨比特色的纳拉辛哈雕像

1 站在亨马库特山丘之上眺望落日时分维鲁帕克萨寺院及亨比村落的景色
2 从马唐加山丘上眺望亨比
3 所到之处可以看到许多平衡岩的景观

主要的景点及游览方法

据传说亨比指的是神话当中的猿猴王国。想要继承王位的两个王子巴里和斯库里巴形成对立。它们互相投掷石块堆积在山里，形成了如今奇妙的景观。最后，巴里借助拉马神的力量打败了斯库里巴。

◆马唐加山 Matanga Hill

据说是猿猴王国中的王子斯库里巴在与巴里战败之后逃到的亨比最高的山丘（据说巴里无法追赶到被施了咒语的山丘）。从山脚下攀登上去大约需要 15 分钟。从这里可以眺望到巨石岩群之中建造于 16 世纪的阿丘塔拉雅寺庙等多个寺院的景象。

◆黑马库塔山 Hemakuta Hillock

建造于 10~14 世纪的耆那教的黑马库塔寺院群矗立在巨石之中的小高山上。山上设有观景台，可以俯瞰亨比最古老的寺院维鲁帕克萨等景点，尤其到了日落时分景色十分优美。

交通 · 当地旅游团等

可以先乘坐国际航班抵达本加鲁鲁，之后再换乘印度国内航班前往印度中部的霍斯佩特，从本加鲁鲁也有火车可以抵达（所需时间 9~13 小时），将霍斯佩特作为行程的起点。从霍斯佩特乘坐巴士前往亨比大约需要 30 分钟时间。亨比的奇岩和遗迹大体看下来需要 2 天的时间。

巨岩之上有疯狂的国王所建造的
王宫遗迹

斯里兰卡 SRI LANKA

背负着悲情王宫的一块巨大岩石

锡吉里耶（狮子岩）

世界文化遗产

SIGIRIYA (LION ROCK)

20 亿年前，由于火山活动而生成的花岗岩柱，经过数亿年的风化、侵蚀形成了如今的锡吉里耶（狮子岩）。由地表开始测量高度约有 200 米，但这也只不过是地下埋藏的花岗岩（火山岩颈）的极小部分。大约 5 世纪时在这块岩石上仅用时 11 年建成了一座皇宫，而在 19 世纪后半叶被发现之前几乎与世隔绝无人知晓。

主要的景点及游览方法

5 世纪时，以阿努拉德普勒为中心统一斯里兰卡的僧伽罗王朝的达托塞那王有两个同父异母的儿子。哥哥卡西雅伯担心弟弟莫加兰会与自己争夺王位，于是将父亲达托塞那王监禁起来并剥夺了王位。感知到危险的莫加兰亡命印度。之后父亲被杀害，成了疯狂国王的卡西雅伯在锡吉里耶巨大的岩石之上建造了宫殿。在那之后，弟弟莫加兰从印度带兵前来讨伐哥哥，而哥哥在追杀之中凄惨殒命。

卡西雅伯王为了安抚被自己杀害的父亲的亡灵而描绘的锡吉里耶妇女的壁画

这片遗址作为王宫虽然只有 11 年的光景，可看的景点却有很多。岩石中部保留有被称为锡吉里耶妇女的美丽的浮雕壁画，通往岩石顶端王宫的最后的台阶前还有巨大的狮子脚一般的大门入口（据说曾经还有狮子大开口的巨大石像）。岩石顶端面积有 1.6 公顷之大，保留着王宫、兵舍、住家、舞台以及王宫泳池等许多遗迹。

交通 · 当地旅游团等

先乘坐国际航班抵达科伦坡，再从科伦坡向东北行进约 170 公里。选择公共交通工具的话，可以从科伦坡乘坐巴士前往丹布勒，再从那里继续换乘前往锡吉里耶。一般来说，需要 5~6 小时。乘坐出租车或者租车的话大概 4 小时。从科伦坡出发还会有许多旅行社安排各种锡吉里耶及其周边世界遗产巡游的线路，从当日往返至数晚停留的行程都有，可自由选择。

■ **锡吉里耶（狮子岩）官网**

URL sigiriyatourism.com

如今依然保留着两脚打开如大门一般入口处的狮子巨像

以色列 ISRAEL

作为犹太人的朝圣地之一而闻名

马萨达国家公园

MASADA NATIONAL PARK

死海附近的沙漠之中，矗立着高度约 400 米的岩石山丘马萨达。白垩纪以前这里是一片汪洋大海，海底隆起后出现的巴勒斯坦高原在长年累月地削磨之中，逐渐变成了残丘状的样貌。荒凉的绝壁断崖上至今还保留着公元前 120 年左右开始建造的坚固要塞，这里也曾作为希律大王时代的宫殿来使用。公元 1 世纪第一次犹太战争时期，这里成了犹太人抵抗罗马军队坚守的最后防线，是他们选择集体自杀的悲壮地点，对于犹太人来说也是十分重要的圣地之一。马萨达在希伯来语当中也有着“要塞”的含义。

可从海拔 -400 米上升到海拔 30 米左右，因此成了世界上位置最低的缆车

可以眺望到死海的巨大残丘之上的马萨达国家公园

主要的景点及游览方法

曾经只是出现在文献当中，而具体地点不为人知的马萨达，于 1838 年由德国的考古学家判明了具体的方位。在那之后，这里便成了对于犹太人来说十分重要的朝圣地点，因其深远的文化背景而被列入世界遗产名录。

从山脚下到岩石之上有细窄的道路连通，但考虑到这一片属于沙漠地带十分荒凉，因此还是建议乘坐缆车前往。从岩石之上眺望死海视野十分开阔。站在山丘之上观赏日出也具有很高的人气。

岩石之上的面积比想象中还要广大，甚至能有三个足球场之大。此外，这里还保留了储水设施、人们居住过的痕迹、犹太人集会的教堂、大浴池以及食材保管库等能够再现公元 1 世纪时样貌的宝贵遗迹。

交通 · 当地旅游团等

途经伊斯坦布尔等地抵达特拉维夫，而后前往耶路撒冷。从耶路撒冷前往马萨达可以乘坐开往死海方向的巴士在中途下车观光（所需时间大约 1 小时 30 分钟）。另外也有许多从耶路撒冷及特拉维夫出发的马萨达 & 死海组合游线路，可以选择参加。

【主要的旅行社】

■ **以色列旅游指南**

Tourist Israel Tours

URL www.touristisrael.com/tours/

这里曾经作为希律大王的宫殿，因此保留了许多华美的装饰

日暮时分的坎多万犹如一座童话王国

如今依然有着浓郁生活气的岩塔之城

坎多万

KANDOVAN

在坎多万可以看到与土耳其的卡帕多西亚类似的景观。14 万年前这一带有零星的火山喷发，现今伊朗西北部的萨汗顿山脉（海拔高 3707 米）火山灰不断堆积，逐渐形成了凝灰岩地层。常年风雨的侵蚀造就了如今的样貌。自 700 年前起卡什加族开始在这里建造居住的岩洞，如今在这里依然可以看到人们生活的景象，是世界上十分稀少的岩洞之城。

主要的景点及游览方法

坎多万在中东的旅行者当中有着“伊朗的卡帕多西亚”之称。据说这里是 13 世纪时卡什加族人为了防止蒙古军的袭击而开始建造的，如今依旧作为人们的居所，此外还增添了一些酒店、商店以及餐厅等设施。可以从大不里士出发单日观光，如果在岩洞酒店中住上一晚，看看夕阳时分的风景也会别有一番情趣。

交通 · 当地旅游团等

以伊朗西北部的大不里士作为行程的起点。可以乘坐航班经由土耳其的伊斯坦布尔、途经阿拉伯联合酋长国的迪拜到达大不里士。此外从德黑兰及伊斯法罕出发也可以乘坐国内的航班。从大不里士到坎多万乘坐巴士大约需要 1 小时。

迷宫一般有着连续台阶的坎多万村内

星星谷不可思议的景象令人叹为观止

伊朗 IRAN

岛的大部分成了 UNESCO（联合国教科文组织）地质公园

格什姆岛星星谷

STARS VALLEY - QESHM

在波斯湾的入口霍尔木兹海峡上漂浮着的格什姆岛，主要由白垩纪至第三期地层构成，位于扎格罗斯皱褶地带之上，因其在地质学上的宝贵价值而被列为 UNESCO（联合国教科文组织）地质公园。特别是星星谷林立着石灰岩的奇岩，作为观光景点有着很高的人气。

主要的景点及游览方法

星星谷位于从格什姆岛中心部驱车 30 分钟左右可达的地方。是石灰岩层在不断被侵蚀的过程中形成的奇岩溪谷。除此之外，先寒武纪时期地层当中所含的盐分固化，在雨水等的侵蚀之下所生成的盐洞，以及洪水一般快速水流侵蚀形成的恰科夫溪谷也很值得一见。格什姆岛的沿岸还有着中东规模最大的繁茂红树林，每到冬天还会有火烈鸟及鹈鹕等鸟类飞来，使这里成了远近闻名的景点。

交通 · 当地旅游团等

格什姆岛是伊朗国内的特别地域。一般可以途经迪拜前往格什姆岛。可以从德黑兰或者伊斯法罕出发乘坐伊朗的国内航班，也有从希拉兹出发的巴士，岛上没有公共巴士，可以租车游览。

可以到谷底漫步观光

被推测为沙丘固化之后形成的卡卢特

从太空也可以看到的雅丹地形

卢特沙漠沙城

SAND CASTLES - LUT DESERT

经人造卫星的测量这里曾经有过 70.2℃的温度记录，卢特沙漠是地球上最炎热的沙漠。这里有着从太空中也可以观察到的，世界上保留至今、屈指可数的巨大雅丹地形，因为美丽的砂岩砂柱而被人们誉为沙堡之城。

主要的景点及游览方法

卢特沙漠是世界上第七大沙漠。每年夏天这里会吹起十分强烈的西北风，有着独特的雅丹地貌特征，这里大范围保留着被称为卡卢特的砂柱，展现出独特的自然景观。尤其在日出日落时分，沙漠披挂上美丽的色彩，仿佛令人置身于外星空间之中。

这里矗立着各种各样形态的卡卢特石柱

交通 · 当地旅游团等

从伊朗首都德黑兰出发，利用国内航班或者火车、巴士前往东南部城市凯尔曼。前往卢特沙漠游览可以参加凯尔曼出发的 2 天 1 晚的 4WD 旅游团。由于这里是世界上最炎热的沙漠之一，所以实际的观光时间主要集中在傍晚和上午，夜间在沙漠地带的帐篷中过夜。此外，在卢特沙漠的入口处还有豪华野营类型的住宿设施卢特沙漠之星生态营 Lut Desert Star Eco Camp，有与卢特沙漠的 4WD 旅行日程组合在一起的套餐可供选择。

内部有着31座墓穴的卡萨鲁·阿鲁·法里德

沙特阿拉伯 SAUDI ARABIA

由巨岩群建造的古代都市遗址群

迈达因萨利赫古城

世界文化遗产

MADÂIN SÂLIH

公元前1世纪～公元1世纪曾拥有一派繁荣景象的纳巴特文明最大级别的遗址群迈达因萨利赫。特别是由自然岩块雕刻装饰的94座坟墓遗址成了这里最大的看点。

主要的景点及游览方法

据说古代的预言家萨雷曾经告诫过这里的人要“尊奉神灵”，但他们并没有严格遵守，于是神灵震怒，一瞬间让城市消失，这里便是有着“沙漠中的亚特兰蒂斯”之称的迈达因萨利赫。作为与约旦的佩特拉遗址齐名的纳巴特王国时代的宝贵遗迹，这里也成了沙特阿拉伯最早被列为世界遗产的地方。一般对外开放的时间只在每年12月末至次年3月初的“坦托拉的冬日祭祀”活动期间。在这期间，艾尔乌拉会推出包含有门票在内的旅游巴士游览项目。

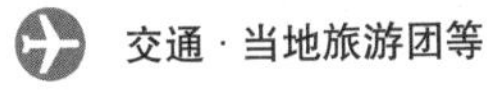

交通·当地旅游团等

从沙特阿拉伯的首都利雅得或者吉达出发乘坐国内航班前往艾尔乌拉。迈达因萨利赫位于距艾尔乌拉22公里的位置。由于观光方式的限制，建议参加沙特阿拉伯的旅游团前往游览。

每一座巨岩坟墓都值得一看

■ **感受艾尔乌拉（艾尔乌拉出发旅行巴士＆门票详情）**

URL experiencealula.com/en

被命名为“智慧七柱”的奇岩群

约旦 JORDAN

电影《奥德赛》中的火星拍摄地

瓦迪拉姆（月亮谷）

WADI RUM

红色沙漠之中四处分布着奇岩群的瓦迪拉姆（月亮谷）。好似外星球的景观一般，因此成了《奥德赛》《星球大战：天行者崛起》等多部电影的拍摄地。

主要的景点及游览方法

在10亿年前的花岗岩堆积层之上，寒武纪时由于非洲板块涌来的砂岩，又形成了砂岩层，在那之后又因为地壳变动及侵蚀作用而产生了“干涸的溪谷＝干谷”瓦地伦。保护区内还保留了数量众多的岩石拱门以及岩山，可以近距离地感受纳巴特文明时代岩石艺术的魅力。在月亮谷入口处周边有许多露营地，可以参加包括露营地住宿在内的4WD月亮谷畅游之旅。

各处可以看到造型奇特的拱门岩石

贝都因人导游为你指路

交通 · 当地旅游团等

先途经迪拜、多哈或者伊斯坦布尔等地前往约旦。如果从有国际线发抵的安曼出发前往瓦地伦，可以利用会途经佩特拉遗址的巴士，或者途经阿卡巴的巴士。所用时间如果能够顺利换乘的话大约需要6小时30分钟。另外从安曼出发也有包括佩特拉遗址、月亮谷以及死海周边景点在内的1~3晚的旅游行程。

1962 年的也门革命之前王宫贵族所生活的宫殿

也门 YEMEN

好似绘本中出现的岩石上的宫殿

达尔阿尔哈贾尔

DAR AL-HAJAR

在阿拉伯语当中有着“石头宫殿”含义的达尔阿尔哈贾尔，位于距也门首都萨那以北约 15 公里左右的瓦迪哈峡谷之中，是建造在悬崖峭壁之上的曾经的王的宫殿。

主要的景点及游览方法

萨那古城中保留了许多在石造地基之上使用黏土和砖头堆积建造的塔状、好似蛋糕点心做成的家一般的建筑物（塔状房屋），被列入了世界遗产名录。在有着许多部族间纷争的也门，统治者会通过建造塔状的房屋来抵御外敌的入侵。此外在伊斯兰教的戒律当中，对于避免女性的面容被家族以外的人看到这一点塔屋也起到了一定的作用，因此这样的建筑物随处可见。达尔阿尔哈贾尔也采用了同样的建筑样式，于 1920 年建成。宫殿为五层式的建筑，内部对公众开放。

交通 · 当地旅游团等

也门由于内战而局势不稳，因此现阶段尽量避开前往。建议一边期盼着可以去旅行的那一天，一边先将相关的内容记录下来。达尔阿尔哈贾尔位于也门首都萨那的近郊。可以乘坐途经迪拜、多哈或者伊斯坦布尔的航班前往。

是也门具有象征意义的一个地标

既作为神圣的场所，在格鲁吉亚也是受世人瞩目的观光胜地

格鲁吉亚 GEORGIA

一位修道士常年在此祈福的岩石上的教堂

卡茨基柱

KATSKHI PILLAR

在大约 40 米高的石灰柱上建造的小型教堂。究竟为什么要在这块岩石上建造教堂，其理由至今不被人们所知晓。1995 年正教教会的卡布特拉托塞修道士开始在这一带活动，2009 年高塔之上的教堂也结束了修复的工作。卡布特拉托塞修道士每周只会来塔上两次，为众人做祈福。

主要的景点及游览方法

格鲁吉亚中部为喀斯特高原，卡茨基柱同样是因石灰岩的侵蚀而产生的一块岩石。据调查，似乎是在 5~6 世纪基督教徒为了登塔修行而在岩石上修建的教堂，也有人认为这里是 9~10 世纪时隐遁者曾经滞留过的地方，有着各种各样的说法。还有的传说中讲道，曾经在岩石上的教堂与卡茨基村的教堂之间有铁锁链相连。从地面到岩石上也架着铁质的梯子，只供修道士上下时使用。随行人员使用滑车将物资运到岩石之上。

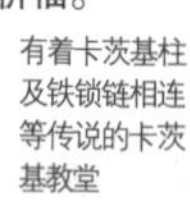
有着卡茨基柱及铁锁链相连等传说的卡茨基教堂

交通 · 当地旅游团等

乘坐途经迪拜、多哈或者伊斯坦布尔等地的航班前往格鲁吉亚的首都第比利斯。从第比利斯前往作为卡茨基柱观光起点的城市库塔伊西乘坐火车大约需要 5 小时。从库塔伊西再乘坐迷你巴士大约需要 1 小时 30 分钟，之后步行约 20 分钟。从第比利斯出发大约路程为 200 公里，也可以选择租车观光（单程大约 2 小时 30 分钟）。

被旅行者誉为卡帕多西亚的老戈里斯的洞穴住宅

亚美尼亚 ARMENIA

据说 1960 年之前一直有人类居住

老戈里斯的洞穴住宅

OLD GORIS

位于亚美尼亚东南部的小城戈里斯。在这座城市的东侧有着被称为“老戈里斯的洞穴住宅”的一片景区。这里矗立着无数的仿佛土耳其卡帕多西亚一般的凝灰岩岩塔，其洞穴中也可以看到人类曾经居住过的痕迹。

主要的景点及游览方法

在老戈里斯的洞穴住宅中，究竟何时起开始有人类在岩窟中居住，对于这一点还没有十分明确的说法。在古希腊著作家库赛诺朋于公元前 401 年所写的《阿那巴西斯》当中，可以看到有关戈里斯洞穴作为人类居住场所的描述，而在那之前却没有人了解。中世纪时，在这一带建造起了作为殖民地的城市，之后城市的中心转移至了戈里斯河的对岸，据说在 1960 年之前岩洞当中一直都有人类居住。在距离城市 10 公里左右的芬泽雷斯库溪谷也可以看到许多同样的岩石居所。除此之外，戈里斯还有 9 世纪时建造于峭壁之上的塔捷夫修道院，从城市到修道院的双轨缆车（5752 米）的长度在世界上也数一数二。

被誉为亚美尼亚最美的塔捷夫修道院

交通 · 当地旅游团等

可以利用途经维也纳、迪拜或者多哈的航班前往亚美尼亚的首都埃里温。戈里斯位于距离埃里温约 240 公里的城市东南方向。从埃里温到戈里斯乘坐巴士大约 4 小时。

哈萨克斯坦 KAZAKHSTAN

巨大盐湖之中不为人知的山丘群

乌斯秋尔特高原 & 托兹巴伊鲁盐湖

USTYURT PLATEAU & TUZBAIR SALT LAKE

大约在 1.8 亿年前，超大陆分裂为北部的劳拉西亚大陆及南部的冈瓦纳大陆，这期间出现了特提斯海。随之曾经作为特提斯海地域一角的哈萨克斯坦西部的曼吉斯套州便出现了乌斯秋尔特高原。曾经是浅滩海底的地方在约 5000 万年前隆起，经过常年风雨侵蚀变成了如今的样貌。乌斯秋尔特高原的中心是托兹巴伊鲁盐湖，一片被盐的结晶所覆盖的湖面周围矗立着若干巨大石灰岩的奇岩残丘。

1 好似漂浮在巨大盐湖之上的山丘——卡伦扎雷克洼地
2 波芝拉溪谷的白色残丘成为高人气摄影地点

主要的景点及游览方法

从哈萨克斯坦西部起到乌兹别克斯坦、土库曼斯坦国境线附近拥有 20 万平方公里广大面积的乌斯秋尔特高原，分布着许多个可以看到奇岩的景点。

◆**波芝拉溪谷** Boszhira

乌斯秋尔特高原上最具人气的拍照地点。白垩的奇岩塔排列矗立的景观不仅在地面上可以看到，从附近的高台之上眺望也十分壮观。景点的一角还有被命名为博库提岩山的堆积层，为色调清晰分层的巨大岩石。

◆**卡伦扎雷克洼地** Karynzharyk

乌斯秋尔特高原之上海拔为 -116 米的广大洼地。一面被盐覆盖的高原之中成为残丘一般矗立着的巨石景观，令人不仅联想到外星球的样子。早晚的风景也异常美丽。

◆**城堡谷** Valley of Castles

阿伊拉库特凯斯鲁及修玛娜山等奇岩集中的地带。

◆**圆球巨石** Round Rocks

曾经在特提斯海中生存的鹦鹉螺等生物，其遗骸当中的钙质等矿物质成分逐渐沉积并固化形成了许多圆形巨石的地带。

交通 · 当地旅游团等

作为行程起点的是里海沿岸的城市阿克套。可以先乘坐国际航班到达哈萨克斯坦首都努尔苏丹，之后换乘国内航线前往阿克套。另外从一些主要国家出发也可以选择先前往航班较多的哈萨克斯坦第二大城市阿拉木图，在这里转乘的航班有很多。从阿克套到乌斯秋尔特高原 & 托兹巴伊鲁盐湖，只能参加当地旅行社推出的 4WD 旅游团而没有别的方法。目的地在广大的盐湖之中，手机没有信号。一般是 2~3 晚的行程，在盐湖中住帐篷。

【主要的旅行社】

■ MJTour

URL mjtour.kz

■ Friendly Tours

URL www.friendlytours.kz

■ Steepe&Sky Travel

URL steppeandsky.com

哈萨克斯坦 KAZAKHSTAN

代表中亚的绝景峡谷

恰伦大峡谷国家公园

CHARYN CANYON NATIONAL PARK

大约在12亿年前这一带曾是巨大的湖泊，随着气候的变化而逐渐干涸，之后在天山山脉流淌而出的查林江的不断冲刷和打磨之下形成了景色壮观的大峡谷。峡谷全长为154公里，因此也被誉为"中亚大峡谷"。查林在土耳其语系中含有"绝壁"的意思。景区内有多条徒步线路，可以下行至谷底。此外有的景点只有参加4WD旅游团才可以前往，比如几乎没有草木生长的荒漠"月之谷"等。

交通 · 当地旅游团等

将哈萨克斯坦南部的阿鲁玛蒂作为起点。恰伦大峡谷位于阿鲁玛蒂以东约200公里的地方，没有公共交通工具，可参加当地的旅游团或者租车前往。

曾经住在这片土地上的巨龙，对妖精一般美丽的少女施下魔咒。因为这个魔咒，少女所在的村子发了洪水，后悔的巨龙变成了岩石，这便是斯卡兹卡峡谷。斯卡兹卡在俄语当中有着"童话"的含义，因为这个传说当地也有"妖精的峡谷"这一别名。形态奇异的岩石看上去如城墙一般，像墙壁一样连接的岩石也被形象地称为"万里长城"。

交通 · 当地旅游团等

途经哈萨克斯坦等前往吉尔吉斯斯坦首都比什凯克。从比什凯克出发可利用途经巴鲁库其的迷你巴士或者拼车（6~8小时）。在比什凯克的旅行社可以申请参加伊塞克湖周边数晚观光的旅游团。

被人们称为童话般的世界

斯卡兹卡峡谷

SKAZKA CANYON

吉尔吉斯斯坦 KYRGYZ

欧洲

EUROPE

欧 洲 极 具 魅 力 的 奇 岩 · 巨 石

48 巨人之路 Giant's Causeway
49 芬格尔岩洞 Fingal's Cave
50 七姐妹白崖 Seven Sisters
51 布里姆汗姆岩石层 Brimham Rocks
52 博德名原野的奇斯灵突岩 Cheesewring – Bodmin Moor
53 斯瓦蒂瀑布 Svartifoss
54 德兰加尔尼尔 Drangarnir
55 奇迹石 Kjeragbolten
56 恶魔之舌 Trolltunga
57 托格哈特山 Torghatten
58 埃特勒塔悬崖（象鼻山） Étretat
59 艾古力圣弥额尔礼拜堂 Saint Michel d'Aiguilhe
60 塔里克山 Djebel Tarik
61 安达卢西亚埃尔托卡 Torcal de Antequera
62 蒙特塞拉特 Montserrat
63 蒙桑图 Monsanto
64 圣母圣所 Santuário de Nossa Senhora Da Lapa
65 拉瓦雷多三峰山 Tre Cime di Lavaredo
66 白露里治奥古城 Civita di Bagnoregio
67 撒丁岛的红色岩石 Rocce Rosse – Sardegna
68 伊克斯坦岩石群 Externsteine
69 萨克森小瑞士国家公园的巴斯蒂桥 Basteibrücke – Sächsische Schweiz
70 安德尔施帕赫 – 特普利采岩石群 Adršpach–Teplice Rocks
71 达沃尔哈 · 瓦罗斯魔鬼城 Đavolja Varoš
72 迈泰奥拉 Meteora
73 波比蒂卡玛尼石头沙漠 Pobitite Kamani
74 勒拿河柱状岩自然公园 Lena Pillars Nature Park
75 曼普普纳岩石群 Man–Pupu–Nyer
76 塔加纳伊国家公园 Taganay National Park
77 斯特卢比自然公园 Stolby Nature Reserve

英国 U.K.

自然之手创造的美丽六角形岩柱步道长 8 公里

巨人之路

GIANT'S CAUSEWAY

爱尔兰传说中的巨人芬 · 麦库尔为了与苏格兰巨人本托纳交战而铺建的石子道路。芬在前往苏格兰之前睡着了，于是他的妻子将毛巾盖在他身上，这个时候本托纳出现了，本托纳误以为盖着毛巾熟睡的是芬 · 麦库尔的儿子，儿子竟然有这样庞大的身形，那他的父亲又该多么巨大，于是本托纳在害怕中惊慌逃跑（也有其他的说法）。

1 令人感觉奇特和趣味的自然景观——柱状节理岩石
2 能够在柱状节理的岩石上漫步游览的景点恐怕并不多见，因此来到这里也成了非常珍贵的游览体验
3 从入口处的游客中心到海岸距离 1 公里多一点。途中还可以看到此地被列为世界遗产名录的纪念石碑

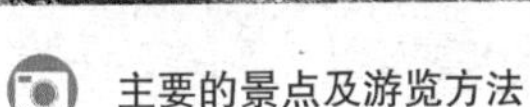

主要的景点及游览方法

巨人之路是在约 6000 万年前的第三纪火山喷发时所生成的岩石绝景。从火山口流出的熔岩流急速冷却为柱状节理，绵延至约 8 公里的地方，由大自然创造的让人感觉不可思议的美丽六角柱岩石毫无缝隙地排列在大海沿岸（数量大约有 4 万块）。仔细观察还能够发现四角柱或五角柱等形态。每块岩石的宽度大概有 50 厘米，最高的达到 12 米。海岸的柱状节理带比较平坦整齐，步行游览也比较轻松。此外，悬崖的柱状节理看上去好似管风琴一般，因而也被命名为巨人风琴，还有巨大的看上去如靴子一般的岩石，时间充裕的话可以仔细欣赏一番。

交通 · 当地旅游团等

巨人之路位于北爱尔兰的最北部。可以将贝尔法斯特作为游览的起点。先由欧洲各主要城市前往都柏林，从那里再坐火车约 3 小时。从伦敦利用 LCC 或者从利物浦坐船前往贝尔法斯特也可以。从贝尔法斯特到巨人之路，可以乘坐火车在克莱因换乘巴士。此外，从贝尔法斯特也有许多前往巨人之路的旅游团可以参加。

【主要的旅行社】

■ Extreme Ireland
URL www.extremeireland.ie

■ McComb's Coach Travel
URL www.mccombscoaches.com

犹如大教堂一般有着震撼回声的洞穴

英国 U.K.

还成了门德尔松的著名序曲

芬格尔岩洞

FINGAL'S CAVE

从巨人之路，沿着爱尔兰传说中的巨人芬·麦库尔铺建的石子道路前行，就到了苏格兰斯塔法岛的柱状节理带。岛上的芬格尔岩洞只能走海上线路前来观光（也有巨人芬的洞穴的含义）。

主要的景点及游览方法

乘坐游船上岛，可以沿着柱状节理的石壁步行至洞穴的入口处。1829 年门德尔松造访芬格尔岩洞，从洞内不可思议的回响中获得灵感，从而创作了赫布里德斯序曲《斯塔法岛的芬格尔的洞穴》。还有画家威廉·透纳等许多艺术家都青睐此地。

威廉·透纳的名作《斯塔法岛的芬格尔岩洞》

岛的周围满是柱状节理的岩石

交通·当地旅游团等

可以利用途经欧洲主要城市或者迪拜的航班前往格拉斯哥。从格拉斯哥乘坐火车大约 3 小时可以到达奥本，从奥本坐船便可前往有着芬格尔岩洞的斯塔法岛。奥本出发只有每年的 4~9 月每天会有绕斯塔法岛周边游览的旅游观光船。

■ **斯塔法岛之旅 Staffa Tours**

URL www.staffatours.com

从公园的入口处开始步行 30 分钟左右就能够看到七姐妹白崖

超过百米的白色悬崖令人叹为观止

英国 U.K.

七姐妹白崖

SEVEN SISTERS

面朝多佛尔海峡的白色悬崖峭壁。其中被称为七姐妹白崖的这一带，在海水的侵蚀下山丘坡度较缓，这里也成为基督教屈指可数的绝景地点。

主要的景点及游览方法

七姐妹白崖因为看上去好似戴着面纱的修道女一般，而被命名为七姐妹。由白色石灰岩造就的这片悬崖，形成于白垩纪后期的 8700 万 ~ 8400 万年前，之后由于海水的不断侵蚀被逐渐削磨为海蚀崖，在海水的侵蚀之下，悬崖上方也逐渐失去平衡，又因为暴雨等坍塌损坏，从而逐渐形成了 7 座峰顶。如今也在以每年 30~40 厘米的速度后退。这里是电影《哈利 · 波特与火焰杯》的拍摄地。可在悬崖上下修建的游览步道上花 2~3 小时慢慢观赏。

交通 · 当地旅游团等

可以将伦敦作为行程的起点。从伦敦乘坐火车约 1 小时到达布赖顿，再换乘巴士前往锡福德与伊斯特本之间的七姐妹国家公园入口。

悬崖之上的游览步道视野十分开阔

被命名为“艾德鲁”的平衡岩石，尽管说是常年自然侵蚀造就而成的景观，但为何能保持住如此平衡的姿态还是很令人不可思议。

英国 U.K.

平衡矗立的 200 吨巨石具有超高人气

布里姆汗姆岩石层

BRIMHAM ROCKS

堆积超过 3.2 亿年的砂岩层在风雨的不断侵蚀之下保留下了许多自然艺术景观，这里就是布里姆汗姆岩石层景区。高 4.6 米、重量达到 200 吨的巨石被小块岩石奇迹般支撑的名为“艾德鲁”的平衡岩石成了当地的标志性景观。

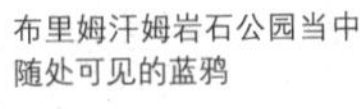

布里姆汗姆岩石公园当中随处可见的蓝鸦

主要的景点及游览方法

布里姆汗姆岩石公园有着约 180 公顷的广大面积，分布着超过 15 个奇岩景观。从其不可思议的形态来看，人们相信这大概是在很久以前克尔特人祭司德洛依德所雕刻的。高人气的平衡岩石“艾德鲁”位于景区的最里面。

交通 · 当地旅游团等

将英国中部的城市利兹作为行程的起点。乘坐途经阿姆斯特丹或者迪拜的航班，抑或从伦敦出发乘坐火车前往利兹都十分方便（约 3 小时）。从利兹前往布里姆汗姆可以乘坐途经哈罗根特的巴士。所需时间大约 1 小时 30 分钟。租车前往也很方便。

地标附近被称为“多鲁伊德的写字桌”的奇特岩石

世界奇岩绝石 World Spectacular Rocks

在英国南部的康沃尔郡，巨石阵等巨石文化被人们所熟知。传说基督教在当地开始传教之时，传道士与居住在这个地方的巨人也都改信了基督教，并且他们比赛将平滑的石块投出去并摞起来，就成了犹如芝士片叠加一般的奇斯灵突岩。实际上，这是 2.8 亿年前所形成的花岗岩高地经过常年侵蚀削磨而形成的平衡岩景观。

传说中在巨石重叠比赛中累积起来的平衡岩石

交通 · 当地旅游团等

先乘坐国际航班到达伦敦，再从伦敦乘坐火车前往普利茅斯（大约 3 小时）。再到有着奇斯灵突岩的米尼昂兹村 Minions Village，可以乘坐巴士从普利茅斯途经科灵顿前往，不过巴士的车次非常少，因此还是租车更加方便。

据说是巨人投下的扁平石头摞在了一起

博德名原野的奇斯灵突岩

CHEESEWRING - BODMIN MOOR

英国 U.K.

站在奇斯灵突岩之上将博德名原野一览无余

柱状节理的石壁会令瀑布的声音产生很大的回响

冰岛 ICELAND

柱状节理的石壁上流淌而下的瀑布

斯瓦蒂瀑布

SVARTIFOSS

在冰岛语当中有着“黑色瀑布”含义的斯瓦蒂瀑布。高度 20 米左右的瀑布虽然规模不算庞大，但是以柱状节理的悬崖为背景的美丽壮观瀑布，为世界所罕见。

主要的景点及游览方法

在冰岛南岸分布着雷尼斯福吉拉海滩等若干个可以看到柱状节理的自然景观的地点。其中位于瓦特纳冰川国家公园斯卡夫塔自然保护区中的斯瓦蒂瀑布，成了瀑布与柱状节理融合呈现的绝美景观。从公园入口处开始行程大约 1 小时。位于雷克雅未克的哈尔格林姆斯大教堂也是以这个瀑布为主题进行设计的。

哈尔格林姆斯大教堂。运气好的话还能够看到极光

交通 · 当地旅游团等

途经伦敦、阿姆斯特丹、哥本哈根或者赫尔辛基等地前往雷克雅未克。以斯瓦蒂瀑布为首的冰岛地区的著名景点都在大自然之中，因此参加雷克雅未克出发的当地旅游团或者租车前往观光都比较方便。租车抵达斯瓦蒂瀑布入口处大约需要 6 小时。

【当地旅游团搜索网站】

■ 冰岛指南 Guide to Iceland

URL guidetoiceland.is/ja

具有很高人气的郊野线路

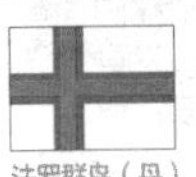

法罗群岛（丹）
FAROE ISLANDS

看似被切割而成的 45° 的海中巨石

德兰加尔尼尔

DRANGARNIR

生态及景观资源都十分丰富的法罗群岛，曾经在国家地理旅行者杂志当中被评为“世界上最令人憧憬的岛屿”之一，是一个极具魅力的地方。托伦卡洛尼洛便是法罗群岛的代表性景点。

主要的景点及游览方法

45° 切割一般的斜面，在大海的侵蚀下自然开口的拱门……德兰加尔尼尔（Drangarnir）是5000 万年前因火山喷发而诞生的法罗群岛沿岸的一部分，是在常年洪涛巨浪的侵蚀下所形成的两座奇迹般的岩石。从机场一侧的城市索鲁巴古鲁出发，可以沿海攀登上石崖。通过单程 6 公里（约 2 小时 30 分钟）的步道可以行进至能够眺望到海上拱门的海角处。

交通 · 当地旅游团等

一般是经由北欧或者英国等地前往法罗群岛。海上拱门位于设有机场的保阿鲁岛的西端与汀托霍鲁姆鲁岛之间的位置。作为起点城市的托修哈文的旅行社也推出了徒步以及游船参观之旅，可以参加。

【当地旅行社搜索】

■ **法罗群岛指南** Guide to Faroe Islands

URL www.guidetofaroeislands.fo

法罗群岛是大西洋海雀的大本营

绝对是动人心魄的刺激体验

冰河时代被搬运至此的奇迹石平稳地卡在两块巨石之间

奇迹石

KJERAGBOLTEN

挪威
NORWAY

如果看到了这个标志，那么距离奇迹石就没有多远了

挪威的峡湾地区具有代表性的绝佳景点。冰河后半期，随着气温的不断上升，融化的冰水使得海平面也随之上升。在峡湾海水泛滥之时，偶然间与冰河一同流入的巨石被卡在悬崖与悬崖之间，也就成了今天的“奇迹石”。峡湾悬崖的海拔高约1000米，是非常惊险刺激的地方。

岩石比想象中要小，因此想登上去要特别小心

主要的景点及游览方法

通往奇迹石的登山道路单程大约6公里，步行不到3小时。岩石地较多有些地方路会很滑，因此建议穿着舒适的步行鞋前往。据说“登上奇迹石会获得幸运”，但两侧的岩石与中间的石块有着高低落差，并且要轻跳到上面，所以十分危险。因此，如果感觉不安全十分恐怖的话还是不要尝试。

交通 · 当地旅游团等

途经欧洲主要城市前往奥斯陆。从奥斯陆乘坐国内航班或者巴士朝斯塔万格方向行进（巴士大约9小时）。从斯塔万格至登山路入口处的埃格斯托乌鲁也有巴士连通。此外，也可以参加从斯塔万格出发的旅游团。

坐在悬崖的尽头时一定要特别注意，很容易发生意外事故

挪威

NORWAY

带有强烈吸引力的挪威的峡湾景观令人着迷

恶魔之舌

TROLLTUNGA

高 700 米的峡湾断崖上延伸出来的恶魔之舌，在挪威语当中即指“托洛鲁的舌头”。托洛鲁是挪威传说中的一个妖精，据不同的传说有时候是一个毛发浓密充满恶意的巨人，有时候又是个身材矮小的妖精。如果从身形特征来看，恶魔之舌应该指的是如巨人托洛鲁舌头一般的岩石。

主要的景点及游览方法

恶魔之舌位于哈当厄尔峡湾的一角，从登山入口的修戈德鲁出发往返大约 27 公里。慢慢地攀登单程步行 5~6 小时。最初的 1 小时会遇到高低差 800 米左右的陡坡山路（乘坐出租车可以到达这里）。之后途中还会有一个比较危险的路段，再往后就会是很享受的美景之旅了。赶上旺季，来恶魔之舌的摄影爱好者可能会排起长队。

交通 · 当地旅游团等

途经欧洲主要城市前往奥斯陆。再从奥斯陆乘坐巴士前往奥达（途中需要换乘，大概用时 7 小时 30 分钟）。或者从奥斯陆乘坐国内线前往卑尔根，再从那里乘坐巴士至奥达（约 3 小时）。从奥达前往作为恶魔之舌游览线路起点的修戈德鲁，乘坐巴士大约需要 40 分钟。从奥达出发也有发往恶魔之舌的旅游团。

想要观赏全景的话推荐从布伦纳于松出发的观光船之旅

挪威
NORWAY

中部有洞孔的北欧屈指可数的巨大的岩石

托格哈特山

TORGHATTEN

位于挪威中西部布伦纳于松近郊的托格哈特山，是在距今 6 亿年前，因欧洲大陆与北非大陆冲撞而形成的花岗岩岩山，是高度 258 米令人感觉十分威严的一块岩石。

主要的景点及游览方法

托格哈特山的中部有宽 20 米、长 160 米的自然洞穴，可以步行游览。

当地还有着这样的传说。据说，毛发浓密的妖精托洛鲁喜欢上了一个美丽的姑娘。但他知道姑娘不可能属于他，又不想让别人拥有她，于是托洛鲁决定射箭杀死姑娘。就在这一刻，山神扔出自己的帽子，抵挡住了射向姑娘的箭。天亮的时候，被箭刺破的帽子就变成了岩石，也就成了如今的托格哈特山。幸运的话，1 年当中能够有数次，在日落时分，看到阳光透过洞口照射出来的迷幻美景。

巨大的洞孔成为了高人气的游览景点

交通 · 当地旅游团等

途经欧洲主要城市前往奥斯陆。从奥斯陆出发可以利用国内线前往作为托格哈特山观光起点的布伦纳于松。从奥斯陆出发相继乘坐火车和巴士需要 16 小时以上。从布伦纳于松出发乘坐巴士有线路可以到达登山口的位置。步行单程大约需要 1 小时。

富于变化的白色石壁之上
还有高尔夫球场

法国
FRANCE

许多艺术家钟爱的景观

埃特勒塔悬崖（象鼻山）

ÉTRETAT

这里的美景保留在了莫奈和库尔贝的绘画当中，也作为了莫里斯·卢布朗《奇岩城》中的背景。面朝加来海峡（多佛尔海峡）的白色的断崖绝壁上拱门岩石以及海蚀柱的造型都受到众多艺术家的青睐。

主要的景点及游览方法

据考证，埃特勒塔悬崖形成于约 9000 万年前后期的白垩纪。白色石灰岩断崖高约 70 米。随着不断风化逐渐形成了靠近埃特勒塔小镇附近被通称为“象鼻”的阿瓦尔岩石、旁边的海蚀柱针岩，再往里的阿蒙悬崖，以及被称为曼努波尔多的拱门形岩石。

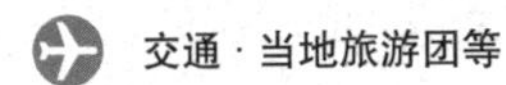

交通·当地旅游团等

先由各地前往巴黎，再从巴黎乘坐火车约 2 小时 30 分钟到达勒阿弗尔，将这里作为行程的起点。从勒阿弗尔再乘坐巴士约 1 小时便到达埃特勒塔。巴士的车次不是很多，需要注意。

左：埃特勒塔美丽的夕阳落日
右：克劳德·莫奈的作品《埃特勒塔的日落》

经过了数千年岁月的洗礼，在被视为神圣象征的火山岩山顶上建造的礼拜堂

艾古力圣弥额尔礼拜堂 SAINT MICHEL D'AIGUILHE

法国
FRANCE

圣地亚哥－德孔波斯特拉的朝拜道路之一

艾古力圣弥额尔礼拜堂

世界文化遗产

SAINT MICHEL D'AIGUILHE

作为前往基督教圣地西班牙圣地亚哥－德孔波斯特拉的参拜道路之一，"卢·普伊大道"上修建的罗马式礼拜堂，是在高82米的岩石之上"岩石与宗教设施"相融合的景观。

印有勒皮城市风景的古老邮票

主要的景点及游览方法

奥贝鲁修地区曾经有许多火山，艾古力圣弥额尔礼拜堂的所在地，位于地下熔岩凝固的花岗岩柱在岁月侵蚀下露出的火山岩岩颈的位置。岩石在969年礼拜堂建成之前，便被当地人视为神圣的化身。从山脚下前往礼拜堂有268级台阶。在小型的罗马式教堂当中，内部描绘着精美的浮雕画。在勒皮的城镇上，在礼拜堂沿街的对面也有岩石山，矗立着巴黎圣母像（法国的圣母像）。

法国的圣母像也不能错过

交通·当地旅游团等

途经巴黎或欧洲主要城市前往里昂（从巴黎乘坐TGV大概需要2小时）。从里昂前往艾古力圣弥额尔礼拜堂所在的勒皮乘坐火车大约需要2小时30分钟。从里昂租车前往也比较方便。

世界奇岩绝石 World Spectacular Rocks

位于伊比利亚半岛南端的直布罗陀，根据1713年的《乌得勒支条约》成为英国的领土。这里的著名景点，便是占据了半岛大部分的一块巨大的岩石塔里克山（通称直布罗陀岩石）。距今2亿~1.75亿年前的侏罗纪时代所堆积的地层，在约5000万年前与非洲板块相碰撞时产生大规模隆起，而后又突然恢复原状，因此看上去就显现出古老地层出现在新地层之上的奇特状态。岩石的高度为426米，从山脚步行或者乘坐缆车可以登至顶部。塔里克山上，还生存着欧洲唯一野生的猴子。

交通·当地旅游团等

因为是英属地区所以可以乘坐途经伦敦的航班。此外，如果从西班牙的马拉加或者塞维利亚出发也可以乘坐巴士抵达与直布罗陀国境相连的拉·里内阿。然后步行过国境线。

天气晴好的日子还能够站在顶峰上眺望非洲大陆

有着反向地层年代的巨石令人觉得不可思议

塔里克山

DJEBEL TARIK

直布罗陀（英占）
(U.K,Occ)

西班牙 SPAIN

可以看到壮观喀斯特地貌的神奇岩石地带

安达卢西亚埃尔托卡

TORCAL DE ANTEQUERA

可以看到欧洲屈指可数的喀斯特地貌的安达卢西亚埃尔托卡，大概在 1.5 亿年以前这一带海底堆积的石灰岩层不断隆起，之后随着气候的变化以及岁月的侵蚀许多岩石的样貌都发生了很大的改变。并且因为这里曾经是海底，所以还可以看到鹦鹉螺等许许多多的化石。此外由于这里还是安达卢西亚十分稀有的海拔高度在 1300 米之上的地方，因此也成了安达卢西亚山羊等野生动物的栖息地。

岩石群中随处可见的安达卢西亚山羊

1 开裂的岩石表面会让人了解到这里深刻的风化程度
2 3 岩石群当中为数众多的如同叠放在一起的煎饼般平衡度堪称完美的岩石堆
4 一边在奇岩群中步行游览，一边找找鹦鹉螺化石吧

主要的景点及游览方法

这一带如今已经成为面积约 17 平方公里的自然保护区，修建有 3 条平坦整洁的游览道路。其中最简单方便的线路往返大约 1 小时 30 分钟。时间不长但依然可以看到堆积如煎饼一般平衡度堪称完美的岩石，以及有着纵横裂纹的奇岩怪石等风景，行程充满趣味。此外在这片区域还可以看到许多地下洞穴等新石器时代遗留下来的痕迹，也是十分重要的文化场所。

交通 · 当地旅游团等

将西班牙南部沿海城市马拉加作为起点。可以乘坐经由马德里、巴塞罗那，或者欧洲主要城市的航班前往。景区位于安达卢西亚埃尔托卡的北面约 30 公里的安特克拉城外。从马拉加至安特克拉乘坐火车大约 30 分钟，巴士约 1 小时。从安特克拉可以打车或者租车过去。此外从马拉加出发也有不少旅行社会推出当日返的行程，参团游也比较方便。

巴塞罗那观光行中不可缺少的蒙特塞拉特

西班牙 SPAIN

据说也对高迪建筑产生了不小的影响

蒙特塞拉特

MONTSERRAT

这一带作为中生代后期的盆地，有丰富的水流涌入形成巨大湖泊。河水带来沙砾和岩石，逐渐在湖底堆积。大约从 2500 万年前开始隆起，随着不断地侵蚀逐渐形成了如今含有砂岩、砾岩及石灰岩的具有独特形状的奇岩地带。据说这些形状对高迪建筑也产生了不小的影响。

主要的景点及游览方法

有着“锯齿山”意味的蒙特塞拉特也是重要的宗教场所。建造于山丘中部的蒙特塞拉特修道院，是在 19 世纪拿破仑侵入时民兵奋起抵抗到最后一刻的地点，此外，在佛朗哥政权时期这里也是最后使用加泰罗尼亚语诵读弥撒的地方。壮丽的大厅之内有手持天秤的黑色的玛利亚雕像，据说触摸她便会愿望成真。

蒙特塞拉特修道院的巨大礼拜堂

交通 · 当地旅游团等

经由欧洲主要城市或者迪拜、多哈等地前往巴塞罗那。从巴塞罗那乘坐电车前往蒙特塞拉特山脚下大约 1 小时。从那里可以利用缆车或者登山电车前往蒙特塞拉特修道院所在地。此外，从巴塞罗那出发也有很多旅行社推出蒙特塞拉特的行程，参团也十分方便。

葡萄牙
PORTUGAL

被称为最具葡萄牙特色的村庄

蒙桑图

MONSANTO

位于西班牙国境线附近海拔高约 700 米的小山之上的村落蒙桑图，1983 年入选“最具葡萄牙特色的村庄”，如今也被认定为“葡萄牙历史村落”之一。分散在各处的花岗岩岩石之中，有的岩石形成高地，也有的人家用其建造成墙壁或屋顶，许多这样的小屋使蒙桑图作为“石头村”吸引了众多游客的目光。从旧石器时代开始，这里就成了信仰石之力量的人们的居住场所，小高山也被人们称为“神圣之山”，村落的名字也由此而来。12 世纪收复失地运动之时还建起了围墙，如今村外依然保留着城墙的遗址。

交通 · 当地旅游团等

先途经欧洲的主要城市到达里斯本，再乘坐电车前往内陆城市布朗库堡（约 2 小时 30 分钟）。从布朗库堡每天会有巴士发至蒙桑图。但因为车次较少，还是建议选择出租车或者租车前往。

形成伊比利亚半岛的造山运动之一的，4 亿 ~2 亿年前瓦利斯坎造山运动所形成的花岗岩高地被岁月不断侵蚀，葡萄牙北部布拉格近郊显现出巨大岩石残留的山丘。圣母圣所便位于山丘的一角。这是圣母玛利亚在 1917 年降临法蒂玛之前曾经路过的小教堂。教堂后方的花岗岩石山如今看上去依旧好似刚掉下来一般保持着平衡的姿态，山顶上还建造有石质的十字架观景台。

交通 · 当地旅游团等

先途经欧洲主要城市前往里斯本，再乘坐电车到达布拉格（约 1 小时）。从布拉格乘坐巴士前往索乌特罗村（大约 1 小时），再从那里步行大约 30 分钟。途中会有不太方便步行的地段，因此更推荐租车。

有着神圣传说的小村落中的岩窟教堂

圣母圣所

SANTUÁRIO DE NOSSA SENHORA DA LAPA

葡萄牙
PORTUGAL

三大岩石山峰创造的奇迹景观

拉瓦雷多三峰山

世界自然遗产

欧洲阿尔卑斯东部的多洛米蒂山脉。拉瓦雷多三峰山是这里具有代表性的象征，有着“三座顶峰”的意义。大约在1.8亿年前的中生代，超大陆开始分裂时出现了特提斯海（古地中海）。之后这一片沉在海底的陆地由于欧洲大陆及非洲大陆的冲撞而产生隆起，继而产生了欧洲阿尔卑斯。位于其东侧一带，由镁质石灰岩的白云岩（苦灰岩）地质所构成，这种地质结构也成了本地的特征。多洛米蒂这一名称是以发现白云岩的18世纪法国地质学者德奥达·多·多洛米蒂的名字命名的。

1 在欧洲的阿尔卑斯山脉中拥有着超群之美的岩石山群
2 从观景台再往前走，可以走到马丽娜皮克拉的正下方
3 作为拉瓦雷多三峰山观光起点的科尔蒂娜·当贝茨的邻村阿乌隆茨·迪·卡多雷。在这个面朝冰河湖的村落中预约酒店的人逐渐增多

主要的景点及游览方法

阿瓦雷多三峰山是由东侧起皮克拉（海拔高 2857 米）、谷朗蒂（2999 米）以及奥贝斯特（2973 米）三座山峰连接而成的岩石群。从山脚处巴士可以抵达的阿乌隆茨小屋出发到可以近距离观赏到皮克拉的观景台大约需要步行 1 小时。步道铺设得十分平整，因而有很多带着孩子来观景台游览的客人。如果是习惯了登山的人也可以沿着观景台再往前走，环绕一周，从各个角度欣赏拉瓦雷多三峰山的美景，之后再绕回阿乌隆茨小屋（全程大约 3 小时）。

交通 · 当地旅游团等

经由欧洲主要城市或者途经迪拜、多哈等地前往威尼斯。从威尼斯乘坐普通巴士前往多洛米蒂山脉东部的科尔蒂娜 · 当贝茨（所需时间大约 2 小时 30 分钟）。再从科尔蒂娜 · 当贝茨乘坐巴士到拉瓦雷多三峰山山脚下（所需时间大约 1 小时）。

在夏季的登山之行中还可以尽情领略高山植物的美景

破晓前的白露里治奥带给人幻想当中的神圣之美

意大利 ITALY

被称为“即将消失的街道”的古岩之上的村落

白露里治奥古城

CIVITA DI BAGNOREGIO

在台伯河沿岸的岩石山上有一座白露里治奥古城。在 2500 年之前由伊特鲁里亚人建造，当时位于山谷的深处。经过常年的侵蚀和数次大地震而逐渐蜕变为一座孤岛。如今也在以每年 7 厘米的速度不断缩小，最终大概也逃不过消失的命运。

主要的景点及游览方法

这个村落所在的岩石群，下层为海洋性黏土质层，上方为凝灰岩岩层。黏土质层松散易碎，受到侵蚀后很容易就会被破坏。也正是由于这样的原因，这座城逐渐由谷地演变为孤立岩石上的村落。通往村中的唯一方法，就是从山谷相反一侧的巴尼莱肖村通过 300 米长的高架桥。如今，村中只居住着不到 10 人，自从受到观光客的追捧以来，村中也出现了特产商店及餐厅等设施。

岩石之上的城镇中心有圣多纳特教堂

交通 · 当地旅游团等

将罗马作为行程的起点。从罗马乘坐火车至奥尔维耶托（所需时间约 1 小时），之后换乘巴士（约 50 分钟）前往白露里治奥。租车最为便利，从罗马出发大约只需要 2 小时，也推荐参加从罗马出发的旅游团。

红色岩石被渲染得更加耀眼的落日时分

意大利 ITALY

欧洲具有代表性的高级度假胜地

撒丁岛的红色岩石

Rocce Rosse – Sardegna

浮于地中海之上的意大利屈指可数的高级度假胜地——撒丁岛，红色岩石就位于撒丁岛东南岸港口城市阿尔巴塔克斯的海边。青色的海岩与白色的花岗岩对比十分美丽，还有大块的红色斑岩的巨石。尤其是中间开有洞穴的大块岩石几乎成了当地人神圣的殿堂。每到落日时分，被夕阳染红的岩石分外美丽。撒丁岛东南海岸除了有这一片红色岩石之外，海岸沿线也分布着不少相同的红色岩石。

交通 · 当地旅游团等

途经罗马、米兰或欧洲其他主要城市前往卡利亚里。再从卡利亚里乘坐巴士前往有着红色岩石的阿尔巴塔克斯，行程大约需要 3 小时 30 分钟。租车前往也十分便利（大概需要 2 小时）。

位于德国西北部城市利佩的条顿堡森林中的岩石群。在约 7000 万年前的地壳变动中，这一带海边的岩石层不断隆起，之后又经过冰河时期冰水和雨水的侵蚀而逐渐形成了如今的样貌。从史前时代开始这里就有了人类居住的痕迹，这一带也成了基督教诞生以前与北欧神话《埃达》当中登场的日耳曼大英雄相关的圣地。此外在卡尔大帝时代基督教僧侣居住的岩石中，他们还建造了石阶并描绘了浮雕。最高的岩石达到 37.5 米，可以攀登至中间的位置游览。

交通 · 当地旅游团等

先由各处抵达法兰克福。再从法兰克福继续换乘汉诺威的火车前往比勒费尔德（约 4 小时）。从比勒费尔德再乘坐火车大约 30 分钟，就到了赫尔曼巴德 · 曼因贝鲁格城外。

有史以来一直被视为神圣的地点

伊克斯坦岩石群

Externsteine

德国 GERMANY

条顿堡森林中突现的岩石群

有着德国东部独特风景的奇岩以及巴斯蒂桥的壮观景色。这一带还有着丰茂的绿植和各种奇岩巨石，独特景观会让人不禁联想到瑞士，因此也被冠以萨克森小瑞士之名

萨克森小瑞士国家公园的巴斯蒂桥 BASTEIBRÜCKE – SÄCHSISCHE SCHWEIZ

德国 GERMANY

神秘险峻的奇岩巨石之中架设的独特观光大桥

萨克森小瑞士国家公园的巴斯蒂桥

BASTEIBRÜCKE - SÄCHSISCHE SCHWEIZ

位于德国与捷克国境线附近的萨克森小瑞士国家公园，白垩纪时这一带深处海底的砂岩层不断隆起，之后经过多年侵蚀逐渐形成了如今独特的岩石群。在地表耸立而起的高达 200 米的奇岩巨石当中，还保留了一座架设于 19 世纪的古老的巴斯蒂桥。

主要的景点及游览方法

萨克森小瑞士国家公园位于从德国到捷克之间广大的易北河砂岩山脉的中心部。尤其在库罗特拉什的易北河右岸，作为奇特的岩石区十分出名。从山脚下沿着步道前行大约 30 分钟就能够到达巴斯蒂桥。这座桥是为了让人们观赏岩石群的绝美风光而建造的，1826 年的时候首先架起的是一座木质桥梁，1851 年更换为如今的石桥。从山脚前往巴斯蒂桥的途中，绵延的大桥将陡峭的岩石连接在一起，形成了废墟城堡的墙壁。在库罗特拉什近郊还有高度在 240 米的断崖之上建造的柯尼希施泰因城墙。这座城堡从 13 世纪到 19 世纪不断修复增建，据说这里还曾经关押过发明迈森瓷器的博特格。

交通 · 当地旅游团等

将德累斯顿作为起点，可以乘坐途经法兰克福的航班前往，或者从法兰克福乘坐火车（约 4 小时），就能到达萨克森小瑞士国家公园的入口处。从德累斯顿乘坐火车前往库罗特拉什车站（S道）大约需要40分钟。乘坐渡船也可以到达萨克森小瑞士国家公园。

1 大桥的两边耸立着巨大的岩石
2 从大桥之上眺望易北河两岸的壮丽景观
3 柯尼希施泰因城堡之内成为了博物馆，透过彩色玻璃窗看到的景色也是绝美

高度 20~100 米的岩壁之间有着十分平整的穿越步道

捷克 CZECH

欧洲屈指可数的砂岩峡谷

安德尔施帕赫 – 特普利采岩石群

ADRŠPACH–TEPLICE ROCKS

白垩纪时曾深藏在海底的特普利采岩石群。砂岩层在被不断地侵蚀之下逐渐形成峡谷，对于喜好自然的捷克人来说这里是具有很高人气的休闲放松地点。奇岩地带大体可分为安德尔施帕赫岩石群和特普利采岩石群两部分，比较受欢迎的是安德尔施帕赫岩石群。

主要的景点及游览方法

安德尔施帕赫岩石群地带修建有 3 条平整的游览步道，其中最具人气的就是在岩石峡谷当中穿越的较宽的大路。步道上可以看到小的瀑布，还有不同名称的奇岩巨石。此外在岩石群的最深处还有如同迪士尼乐园森林穿越游船一般的迷你游船项目。

市长夫妻

恋人们

交通 · 当地旅游团等

途经欧洲各主要城市前往捷克首都布拉格。从布拉格乘坐火车到达波兰国境线附近的城市塔尔努夫（所需时间约 3 小时）。之后再换乘火车，约 50 分钟后便能够到达自然保护区的入口地安德尔施帕赫。从布拉格租车的话单程约 2 小时 30 分钟（约 160 公里）。

由火山灰堆积形成的岩柱将小山的斜面覆盖

塞尔维亚 SERBIA

成为全新·世界七大不可思议景点的后补地

达沃尔哈·瓦罗斯魔鬼城

ĐAVOLJA VAROŠ

在塞尔维亚的语言当中有着“魔鬼之城”含义的达沃尔哈·瓦罗斯，由数百万年前的火山喷发堆积而成的火山灰层隆起而形成，之后经过常年侵蚀在凝灰岩的斜面形成了奇妙的尖塔岩森林。202 座尖塔岩小的高度为 2 米，大的能够达到 15 米。

主要的景点及游览方法

关于这片岩石森林有着多个传说，这里聊聊其中最著名的。恶魔不喜欢当地居民的和谐，于是命令住在这里的人和自己的兄弟、姐妹结婚。神看到后十分愤怒，为了阻止这种不伦的行为，就将婚礼上聚集的 202 个人变为岩石。密集的尖塔岩的造型确实都很奇怪，可以想象他们面对神的震怒时惊异的样子。此外在魔鬼城所在的自然公园之内，地上也会涌出被称为“恶魔之水”“红色汤”的强碳酸水。

在凝灰岩的山丘之上设有观景台

交通·当地旅游团等

首先经由欧洲主要城市前往贝尔格莱德。再从贝尔格莱德乘坐巴士到达距离魔鬼城最近的城市库尔舒姆利亚，行程大约 5 小时。然后再从那里乘坐出租车。如果将距离贝尔格莱德 3 小时 30 分钟巴士车程的尼什作为起点，就建议租车前往游览。

作为十分上镜的景观而闻名的阿基亚特里亚达修道院

迈泰奥拉

巨型岩石上建造修道院的绝景胜地

希腊 GREECE

METEORA

在希腊中部品都斯山脉山脚下的广大色萨利平原上，矗立着高度在20~400米的各式各样的奇石岩柱，这里便是迈泰奥拉。岩石之上还建有修道院，时至今日依然有严守清规戒律的修道士在此修行。20世纪初之前，这里运送生活物资还只能依靠在滑车上悬挂网袋。

主要的景点及游览方法

迈泰奥拉在希腊语当中有“悬在空中”的意思，作为其语源的“迈泰奥罗”有着“空中落下的物体”的含义。围绕着迈泰奥拉岩石的诞生有许多神话，有的说是宙斯在一次发怒的时候，从天上投下的岩石插入了这一带的土地之中。地质学上虽然没有十分明确的说法，但基本上都认为这一带的地貌是由于6000万年之前海床的隆起而形成的。

◆梅加罗·梅黛奥拉修道院 Megalo Meteoron

迈泰奥拉如今依然保留有6座修道院，其中规模最大的就是这座梅加罗·梅黛奥拉修道院。修道院建于14世纪，位于613米高的岩石之上，堂内以螺钿为装饰，基督、大天使米迦勒以及预言家丹尼尔的壁画都十分精美。

◆ 瓦兰修道院 Varlaam

14世纪建造在595米高岩石之上的修道院。16~17世纪描绘的壁画很值得一看。

◆阿基亚特里亚达修道院 Agia Triada

阿基亚特里亚达修道院所在的岩柱可谓是迈泰奥拉最美的。拥有565米的高度，可以登上130级台阶前去参观。印有这一带景观的明信片十分著名。

交通·当地旅游团等

先途经欧洲主要城市前往雅典。从雅典出发在特里卡拉换乘巴士前往作为行程起点的城市卡兰巴卡（所需时间约6小时）。从卡兰巴卡出发有途经迈泰奥拉各修道院的巴士。在卡兰巴卡也可以租借轿车或者电动车，十分方便。希望听到详细景点介绍的游客建议参加卡兰巴卡出发的旅游团。

瓦兰修道院内部

走近后会发现岩柱比想象中还要大

保加利亚 BULGARIA

古代遗迹一般的自然景观

波比蒂卡玛尼石头沙漠

POBITITE KAMANI

位于保加利亚黑海沿岸的度假胜地瓦尔纳。其近郊有在欧洲都十分少见的沙漠地带。有着“石头森林”别称的波比蒂卡玛尼岩石列柱成了沙漠中心的著名景观。纵向细长的岩柱好似人造一般，一片古代遗址的气息扑面而来。如今这里也正为列入联合国教科文组织的世界遗产名录而做着积极的准备。

主要的景点及游览方法

大约5000万年前此地的海底不断隆起，超300根石灰岩岩柱将13平方公里的沙漠地带覆盖。各石柱高度为5~7米。据传说，曾经居住在这里的一名男子，要为神保守一个秘密，只要不说出来便饶他不死。有一天，这个男子心爱的姑娘落入了海之巨人的手里，被巨人囚禁起来。巨人以释放姑娘为条件要求男子说出与神之间的秘密。男子为了救心上人不惜牺牲自己的性命，决心将与神的秘密说出去。神在天界看到了这一切，便将巨人都变成了石头，让男子与姑娘再次相会。变成石头的巨人，也就成了如今的波比蒂卡玛尼石头。

交通·当地旅游团等

途经欧洲主要城市到达保加利亚的首都索非亚。从索非亚乘坐国内航班或者巴士、火车前往瓦尔纳（巴士、火车所需时间约7小时）。波比蒂卡玛尼石头沙漠位于瓦尔纳近郊约20公里的地方，那里没有巴士经过，可以乘坐出租车前往。

勒拿河之上的游船之旅拥有超高人气

俄罗斯 RUSSIA

在年温差 100℃环境中孕育的石柱群

勒拿河柱状岩自然公园

世界自然遗产

LENA PILLARS NATURE PARK

在勒拿河沿岸约 40 公里长的地带矗立着高度为 150~300 米的岩柱。寒武纪时海底盆地隆起。在夏天 40℃、冬天 -60℃的严酷年温差环境当中石灰岩不断产生裂纹，几乎没有雨水的这一地区逐渐诞生了喀斯特地貌的岩柱群。

主要的景点及游览方法

通常的石灰岩岩层，会由于雨水不断侵蚀而产生喀斯特地貌。而这里是几乎不会下雨的西伯利亚地带。勒拿河沿岸的永久冻土深度可达 600 米，勒拿河石柱群的内部实际上也是常年被冻住的状态。到了夏天气温接近 40℃，接近地表的部分冰雪融化成水浸满岩石，到了冬天气温降到 -60℃，这一带又变得冰冻膨胀。这样的力量将岩石击碎，也被称为结冰碎石作用。在长年累月的结冰碎石作用下，诞生了世界上非常稀有的喀斯特地貌干燥地带。此外这片区域在人类出现以前，也是约 5 亿年前的化石产地之一，从寒武纪的地层当中发现了许多猛犸象及北美野牛的化石。

交通 · 当地旅游团等

途经符拉迪沃斯托克（海参崴）或者哈巴罗夫斯克（伯力）前往雅库茨克。从雅库茨克到勒拿河柱状岩自然公园大约 180 公里，可以参加当地的旅游团。其中高人气的是勒拿河 2 晚 3 日的游船之旅。也有利用快艇或者车 + 快艇的当日返行程。冬季勒拿河会被冻住，因此推出了 1 晚 2 日的狗拉雪橇游览日程。

1 旭日升起时，曼普普纳岩石群的神秘景色
2 每一根岩柱都高达 30 米以上，都需要仰视才可观赏

俄罗斯 RUSSIA

俄罗斯七大不可思议景点之一

曼普普纳岩石群

MAN-PUPU-NYER

由地面矗立起 7 根巨大岩柱的曼普普纳岩石群，每一根的高度都在 30~42 米。据说在 2 亿年前的地层侵蚀过程中，柔软的岩石逐渐瓦解，只有坚硬的变质岩（绢云母片岩）保留了下来。在这一带（科米共和国）还有着“科米的象征柱”“七巨人”等称呼，以及各种各样的传说。

1 2

主要的景点及游览方法

介绍一个关于曼普普纳岩石群的传说。据说这一带曾经居住着 7 个可怕的巨人兄弟。而科米的山神为了制止巨人兄弟的暴行就把他们都变成了岩石，也就是如今的曼普普纳岩石群。其中只有高度为 32 米的岩石不在了，据说那也是最初变为岩石的巨人。

曼普普纳岩石群的观光游基本上是乘坐直升机在附近着陆，而后步行。个人前往不可行。

交通 · 当地旅游团等

曼普普纳岩石群位于附近没有城镇的伯朝拉 - 伊雷奇自然保护区内，只能参加步行旅游团或者乘坐直升机前往游览。不同的行程会有各种不同的出发地点。可以先到达俄罗斯，再移动至作为行程起点的各城市。可以以最短时间到达曼普普纳岩石群的，便是以科米共和国乌赫塔 Ukhta 为起点的直升机之旅，前往乌赫塔可以从莫斯科乘坐 UT 航空等航班。除此之外还有与乌拉尔当地观光组合的直升机 + 步行（最少 4 日）或者只步行（10 日左右）的行程，不同起点的城市会推出不同的线路。

【主要的旅行社】

■ **Nordic Ural（乌赫塔出发直升机游览）**

URL nordic-ural.ru

■ **Soviet Tours（汉特 - 曼西斯克出发）**

URL www.soviettours.com/dyatlov-pass

各种颜色交相辉映的含有砂金石的石河

俄罗斯 RUSSIA

世界上最大规模的石头大河

塔加纳伊国家公园

TAGANAY NATIONAL PARK

世界上被称为“石河”的地方有很多，而塔加纳伊国家公园的规模可谓世界最大。其宽度在20~700米，全长6公里，石河的深度达到4~6米，被通称为“巨大的石头之河”。这条石头大河是在1万年之前塔加纳伊山顶上的冰河崩塌落下而形成的。冰河慢慢流入谷中，也一同由水流搬运来了石英。随着冰块的逐渐融化石头便将山谷掩埋，从而形成了世界上非常珍贵稀有的景观。

交通 · 当地的旅游团等

途经莫斯科前往作为行程起点的车里雅宾斯克。从车里雅宾斯克出发前往距离塔加纳伊国家公园最近的兹拉托斯特乘坐火车大约需要2小时30分钟。从兹拉托斯特可以乘坐迷你巴士到达公园的入口。单程大约5公里（2小时30分钟）的步行之后便可以看到石头大河。

在当地作为奇岩森林而远近闻名

斯特卢比自然公园

STOLBY NATURE RESERVE

俄罗斯 RUSSIA

这里也作为克拉斯诺亚尔斯克市民的休闲景点

位于克拉斯诺亚尔斯克南部约10公里的面积为47000公顷的森林斯特卢比。从大约6亿年前开始这里的火成岩不断受到侵蚀而逐渐形成了数量众多的奇岩，其中含有红色石英的闪长岩的粉红色最有特点。被命名为狮子门、烟囱等名字的奇岩也有着很高的人气。

交通 · 当地旅游团等

途经符拉迪沃斯托克（海参崴）或者哈巴罗夫斯克（伯力）前往作为行程起点的克拉斯诺亚尔斯克。有西伯利亚的铁路通往克拉斯诺亚尔斯克，因此推荐坐火车前往。从克拉斯诺亚尔斯克可以乘坐巴士至斯特卢比自然公园。利用缆车上山也十分便利。

巨石文化遗址

与巨石阵、埃夫伯里相关联的遗址群

世界文化遗产

Stonehenge, Avebury and Associated Sites

英国 U.K.

世界上最著名的史前时代巨石文化遗址之一巨石阵，时至今日对于出于怎样的目的而建造这一巨石群依然没有明确的说法，并且究竟是如何从 25 公里之外的采石场将如此数量的巨石搬运到这里，也无人知晓。

巨石阵是位于英国南部索尔兹伯里平原上的一片巨石环阵（环状列石），据推测大约是在公元前 2500~ 公元前 2000 年建成的。以高度大约为 7 米的 5 组门形组石为中心，由高度 4~5 米的 30 根糙石巨柱围出直径为 100 米的圆形。每到夏至时分，太阳会处在高度 6 米被称为“山石”的玄武岩与位于中心位置的祭坛石相连接的直线上，因此人们推测这片遗迹是否还与天文学有着一些神秘的关系。

此外，在距这片巨石环阵约 30 公里以北的埃夫伯里也有埃夫伯里巨石阵。建造于公元前 2600 年，是内部有着水槽的直径约 420 米的遗址。内部还有欧洲直径最大，达到 331 米的环状列石。此外除了从环状列石东南部到被称为西肯尼特大道的成对的石柱之外，从西侧也可以看到被称为贝坎通大道的石柱遗迹。

1 可能也被应用于天文学或者祭祀等场合的巨石阵
2 遗留在埃夫伯里的欧洲最大规模的巨石环阵

※ henge 是表示史前时代环状列石遗址的词语

巨石文化遗址

奥克尼群岛的新石器时代遗址中心地

世界文化遗产

Heart of Neolithic Orkney

英国 U.K.

位于英国北部的奥克尼群岛。这里保留有新石器时代的巨石遗址。遗址当中的 4 个地方被列入世界遗产名录。首先便是建造于公元前 3000 年左右，形成环状的斯坦内斯立石。据说高度最高为 6 米的 12 块巨石排列为直径约 44 米的圆形，而如今现存的只有 4 块。其次是于公元前 2500~ 公元前 2000 年建造的直径约 104 米的环状列柱布罗德盖石圈。曾经的 60 块巨石如今也只保留下了 27 块。无论斯坦内斯立石还是布罗德盖石圈，都是挖掘并使用岛内坚固的基石来建造的。但其建造的目的依旧不是十分清楚。此外公元前 3500~ 公元前 2100 年的石造居所遗址斯卡拉布雷，还有新石器时代的梅肖韦古墓也都被列入了世界遗产名录当中。

1 巨大环状列石布罗德盖石圈
2 数量不多的石块排列而成的美丽的斯坦内斯立石

卡纳克巨石阵

Carnac stones

法国 FRANCE

位于法国西北部布列塔尼地区的卡纳克石遗迹，是于公元前 5000 年或公元前 3000~ 公元前 2000 年建造的巨石群。排列的立石将三个区域连接起来，总延长距离达到了 4 公里，立石的数量甚至达到了 3000 块。当地还留下了诸如“巨人放置的巨石”“被施了魔法的军队变成了石头”等有趣的传说，在开始了定居生活的新时期时代的社会中，据说通过攀爬巨石可以到达神圣的空间……这类说法也被认为有着一定的说服力。卡纳克周边除了立石以外，还可以看到许多围绕墓地放置的支撑石墓的巨石。

3 延伸约 4 公里的立石
4 由巨石堆砌而成的古石墓也值得一看

非洲

AFRICA

非 洲 极 具 魅 力 的 奇 岩 · 巨 石

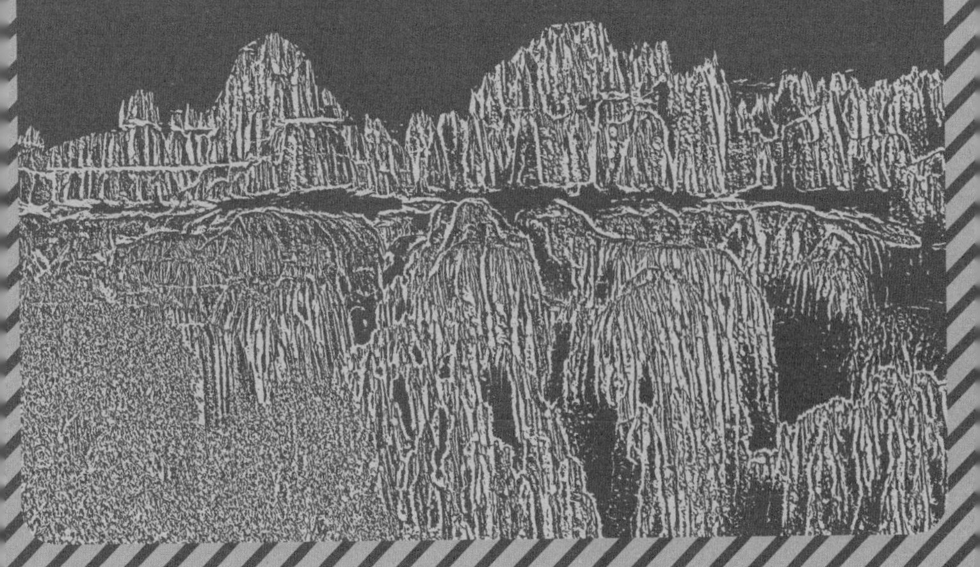

达洛尔火山的火山口附近是奇异的黄绿色世界

埃塞俄比亚 ETHIOPIA

有着世界上最低位置的火山口，由火山喷发造就的岩盐奇石地带

达纳基尔沙漠的达洛尔火山

DALLOL SALT SPRINGS & GEYSERS - DANAKIL DESERT

位于埃塞俄比亚的北部，海拔为 -100 米左右的沙漠及火山地带——达纳基尔沙漠。位于其一角的达洛尔火山的火山口附近有硫黄泉如间歇泉一般涌出，在其影响之下出现了许多大型的柱状及圆锥状的岩盐。

主要的景点及游览方法

这些奇岩全部是由盐分凝固后形成的

达洛尔火山是在中新世纪时火山活动中生成的玄武岩层里掺杂了盐分，之后又在热水活动中于 1926 年因水蒸气喷发而诞生。火山口附近的热水当中含有各种各样的成分，浮出地表冷却之后呈现出黄色、绿色以及橙色等不同的颜色，造就了不可思议的奇幻空间。在这周围也可以看到形态各异的岩盐奇石。

交通 · 当地旅游团等

除了可以乘坐埃塞俄比亚航空之外，乘坐途经迪拜或者多哈等地的航班前往也十分方便。先抵达作为达纳基尔沙漠起点的北部的默克莱。从亚的斯亚贝巴出发可以乘坐国内航班或者巴士（所需约 15 小时）。从默克莱出发也可以参加当地的旅游团。只在达洛尔火山周边游览的话有当日返、2 天 1 晚的行程，达纳基尔沙漠周边游一般为 4 天 3 晚的行程。不过达纳基尔沙漠一带目前局势不太稳定，尽量不要此时前往。

蘑菇岩和公鸡岩是有着超高人气的拍照景点

埃及 EGYPT

沙漠中浮现的白色奇岩群

白沙漠

WHITE DESERT

白沙漠周边经常出没的耳郭狐

从开罗至利比亚的一片广阔的西部沙漠，在其一角的拜哈里耶及费拉菲拉两大绿洲之间的便是白沙漠。这是太古时期，海底的堆积物隆起后形成的一片地带，犹如艺术雕刻一般的奇岩群分布在白沙漠的各个地方。

主要的景点及游览方法

白沙漠拥有约 3000 平方公里的广大面积，是埃及最早的国家公园。太古时期这里是一片汪洋，石灰岩地层在风雨的侵蚀下所形成的白垩奇岩群成为这里独特的景观。有着狮子造型、人脸模样等各种形态的岩石。其中最为著名的便是蘑菇形状以及公鸡造型的岩石。

此外，在从拜哈里耶绿洲前往白沙漠的途中，还有黑沙堆积而成的如同小山一般的黑沙漠。在黑沙漠的前方，还有一面被水晶覆盖的水晶山。

交通 · 当地旅游团等

乘坐直航到达开罗，然后换乘巴士前往作为白沙漠行程入口的拜哈里耶绿洲（所需时间 6 小时），再从那里参加当地的旅游团。沙漠之中 2 天 1 晚的帐篷之旅具有很高的人气。从开罗出发也有当日返以及 2 天 1 晚的旅游行程。

夕阳渲染之下的白沙漠的美景

阿尔及利亚 ALGERIA

成了游牧民族的信仰对象

阿杰尔高原

TASSILI N'AJJER

还有大象造型的岩石

阿杰尔高原有着几十亿年的风化侵蚀创造出的在地球范围内也极为稀有的景观。从湖中涌出的河水造就了险峻的溪谷，湖水干燥后便形成了巨大的沙丘地带。沙丘的一部分成了巨大的砂岩层，在常年的侵蚀下逐渐造就出了各种形状的岩石。此外这里还保留了 1 万年以前人类生活过的痕迹、数量众多的壁画，展示出这里曾经是适合狩猎采集的绿色丰茂的大地。虽然从如今的样子很难想象出当时的情景，但阿杰尔这一名称本身就带有着“溢满水的大地”的含义。

1 看上去好似巨人从地下伸出手来一般的巨岩。在沙漠的映衬下十分独特壮观
2 塔德拉特溪谷中的刺猬岩。看上去十分可爱的造型
3 令人联想到宇宙人的撒哈拉的白色巨人岩绘
4 讲述这里曾经是一片丰茂的狩猎地的动物壁画

主要的景点及游览方法

阿杰尔高原是面积超过 7 万平方公里，有着许多奇异岩石的巨大沙漠地带。海拔 1500~2000 米，有超过 300 块拱形岩石、1 万余幅公元前 8000 年前的壁画。来这里游览，一般是把行李放在驴背上在沙漠及奇岩地带步行，度过 4~7 晚的帐篷之旅。除了数量众多的拱形岩石之外，作为奇特造型的岩石也是不可错过的，还有形态可爱的刺猬岩 Hedgehog Rock。每一幅壁画都十分宝贵，尤其是在与利比亚国境接壤附近撒哈拉地区的高约 3 米的白色巨人画像，看上去好似神灵或者宇宙人，也成了阿杰尔高原象征性的标志物。

交通 · 当地旅游团等

可以途经迪拜、多哈等中东各国或者巴黎等欧洲城市前往阿尔及利亚。从首都阿尔及尔到作为阿杰尔高原观光据点的贾内特可以乘坐国内航班前往。从贾内特出发建议参加当地的旅游团。另外阿杰尔高原这一带距离利比亚、尼日尔的国境线很近，因此经常会有一些危险的警告信息，出于安全方面的考虑，建议参加从国内出发的旅游团前往。

从阿塔尔出发距离不算太远，但由于是沙漠中的道路，所以需要花费的时间比想象中要长

毛里塔尼亚 MAURITANIA

被称为非洲最大的一块岩石

本·阿梅拉

BEN AMERA

如果把撒哈拉的黄沙都取走，恐怕这是比澳大利亚的乌卢鲁还要巨大的一块岩石——毛里塔尼亚人人为之骄傲的、非洲最大规模的一块岩石——本·阿梅拉。自称世界第三大的多块岩石当中的一块，高度为 633 米。砂岩质地的岩石表面在夕阳的照射下会显现出红色的光辉。从本·阿梅拉出发乘车 20 分钟左右到达的地方，还有稍小一些的巨岩 Aisha，如果租乘 4WD 的车辆前往，可以一并细细观赏。

交通·当地旅游团等

可以途经伊斯坦布尔或者巴黎前往毛里塔尼亚。从努瓦克肖特乘坐巴士约 6 小时到达阿塔尔，再从阿塔尔乘坐出租车前往本·阿梅拉观光。此外也可以搭乘努瓦迪布—阿塔尔的运货的列车近距离游览（时间不确定，运气不好的话有可能是夜车）。

圣多美及普林西比的标志性岩山康格兰德峰，是久远之前由于火山活动而生成的火山颈岩。在葡萄牙语当中有着“巨大的犬峰”的含义，而关于这一含义的由来却不很清楚。岩峰在圣多美岛南部的热带丛林的对面突然出现，从地表算起高度约为 300 米（海拔约 633 米）。有道路通往岩石的山脚下，据说有很多攀岩达人会来此登山。

交通·当地旅游团等

前往圣多美和普林西比可以乘坐从葡萄牙的里斯本出发的航班。从圣多美出发可以乘坐轻便的客货两用汽车前往圣多美岛最南部的阿雷格里港，在途中欣赏独特的美景。

海拔高 633 米

康格兰德峰

PICO CÃO GRANDE

圣多美和普林西比
Sao Tome and Principe

圣多美岛南部吸引人们视线的雄伟岩峰

走近后会被其巨大的规模所震撼

尼日利亚 NIGERIA

尼日利亚的圣地之一

祖玛岩

ZUMA ROCK

矗立在尼日利亚首都阿布贾入口处的祖玛岩，海拔 1125 米，地面突出部分高达 725 米、周长 3.1 公里，是非洲具有代表性的一块岩石，是由于先寒武纪时花岗岩大地隆起，之后在常年的侵蚀之下所形成。

主要的景点及游览方法

作为首都阿布贾具有象征意义存在的祖玛岩，也成了尼日利亚 100 奈拉纸币上的经典图案。部分岩石的表面像人脸一般被岁月打磨，从大约 15 世纪开始，人们越来越相信岩石具有着特别的力量。在阿布贾还有与祖玛岩同时期形成的另一块稍小一些的岩石（高度约 400 米）阿索岩。

100 奈拉纸币上印着的祖玛岩

交通 · 当地旅游团等

可以途经迪拜或者欧洲的主要城市前往尼日利亚。祖玛岩位于尼日利亚的首都阿布贾的近郊，可以乘坐巴士或者出租车前往最近的停车处开始游览。

位于阿布贾城市的入口处

084

少为人知的岩石的宝库

乍得 CHAD

世界复合遗产

恩内迪高原

ENNEDI MASSIF

自然之手创造的连绵的艺术感砂岩

在这里可以看到许多史前时期的岩绘

与阿尔及利亚的阿杰尔高原齐名的撒哈拉沙漠中奇特的砂岩地带。岩石造就出溪谷，在沙漠之中形成被称为戈尔塔的水洼。这里也是被称为瓦尼的撒哈拉最后的沙漠鳄鱼的栖息地。

主要的景点及游览方法

砂岩台地经过长年累月的侵蚀，逐渐形成峡谷、山峰，甚至拱形、迷宫、蘑菇岩及动物形状等各种各样的岩石造型。此外在史前时代，在沙漠化之前居住在这片地域的人们的岩绘作品有很多也保留了下来。其中最古老的为7000年以前的作品。

交通 · 当地旅游团等

乍得由于目前周边国家的武装势力及难民涌入，因此不建议当下前去旅游。不过可以事先了解做好准备，等待可以出行的那一天。可以乘坐埃塞俄比亚航空途经亚的斯亚贝巴前往乍得。恩内迪高原属于沙漠地带，因此建议参加从首都恩贾梅纳出发的当地旅行社推出的帐篷游（通常6~7晚）。

1 Archei 绿洲。进入岩石群内部还有一片水洼
2 撒哈拉最大最长的拱门形岩石——阿洛巴拱桥。高度122米，全长76米

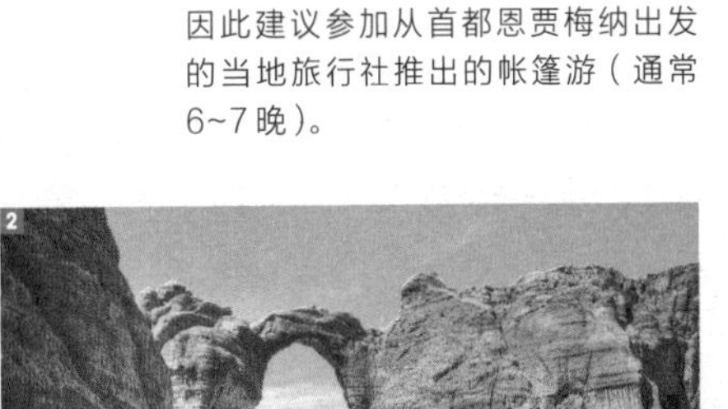

绿色繁茂的大地在河流的侵蚀之下逐渐形成峡谷，常年的风雨又造就了高度约20米的不可思议的奇岩柱地带。奇岩柱好似金针菇固化一般呈现出十分独特的造型。此外在这里还发现了大量后石器时代的手斧等各种各样的狩猎工具，也令这里成了世界上十分珍贵的一处遗址。伊西米拉遗址的附近还有高约15米、被称为 Gangilonga Rock 的巨岩。

交通 · 当地旅游团等

可以途经迪拜或者多哈、埃塞俄比亚前往坦桑尼亚的达累斯萨拉姆。再从那里乘坐巴士抵达伊林加，大约10小时。伊西米拉位于伊林加驱车大约30分钟的地方。

15米左右高度的奇岩柱群给人留下深刻印象

在奇岩地带发现的石器时代的遗址

伊林加伊西米拉遗址

IRRINGA ISIMILA STONE AGE SITE

坦桑尼亚 TANZANIA

安哥拉 ANGOLA

这里也成了安哥拉屈指可数的观光景点

米拉杜洛达路亚（月亮谷）

MIRADOURO DA LUA

南大西洋沿岸出现的
超大奇岩景观

安哥拉屈指可数的绝景之一米拉杜洛达路亚，在葡萄牙语当中有着“能够看到月亮的地方”这一含义，其不可思议的色调以及周围荒凉的气氛令人难以想象这是地球上的景象。

主要的景点及游览方法

在安哥拉西部的海岸地带，在数亿年前含有铁成分的堆积岩之上，又覆盖了中生代至新生代堆积下来的石灰岩层。数百万年前由于新第三纪后半期隆起而裸露出来的石灰岩层在常年不断的侵蚀之中逐渐形成了如今米拉杜洛达路亚的样貌。铁成分酸化后转变为橙色，沿着橙色悬崖排列着众多尖锐的岩柱，所见之人无一不为之震撼。

【罗安达出发当地的旅行社】

■ Tour HQ

URL www.tourhq.com

■ Viator

URL www.viator.com

深邃而荒凉的石灰岩地形山谷

交通·当地旅游团等

可以途经多哈或者埃塞俄比亚前往安哥拉的首都罗安达，也可以利用途经巴黎或者阿姆斯特丹等欧洲主要城市的航班。米拉杜洛达路亚位于罗安达以南约 60 公里的沿海地带，可以站在高位的观景台上向下俯瞰眺望。从罗安达前往洛比托方向的巴士途中下车游览的话不是太方便，因此建议参加当地的旅游团或者租车前往。

世界奇岩绝石 World Spectacular Rocks

被誉为“纳米比亚的马特洪峰”的海拔高 1728 米的施皮茨科佩，山脚下有着各种各样的花岗岩的奇岩怪石。作为 5 亿年以前的冈瓦纳大陆时代的火山遗址地带，其富于变化的景观不仅在徒步旅行者当中颇受青睐，在高级的攀岩者当中也有着很高的人气。此外在这片地域上还保留有 37 处岩石艺术遗址，留下了许多 4000 年以上的壁画，还铺设有可环游 4~8 小时的徒步道路。

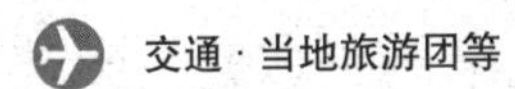

交通·当地旅游团等

途经卡塔尔的多哈或者埃塞俄比亚的亚的斯亚贝巴前往纳米比亚的首都温得和克。施皮茨科佩位于温得和克西北部约 280 公里的地点。一般是租车前往，施皮茨科佩的周边也有一些住宿设施和帐篷营地等。

这里还有许多拱门形的岩石

集中了世界上许多的攀岩爱好者

施皮茨科佩

SPITZKOPPE

纳米比亚 NAMIBIA

马达加斯加
MADAGASCAR

世界上为数稀少的针岩密集地

黥基·德·贝玛拉哈国家公园

世界自然遗产

TSINGY DE BEMARAHA NATIONAL PARK

在当地原住民的语言当中“黥基”有着“端头尖锐”“光脚无法步行”的含义。于是马达加斯加的原住民便将看到这些尖锐岩山时所想到的词汇作为这里的地名。

距今2亿年前处于海底的石灰岩层，在约180万年前隆起至地表，地下水不断侵蚀石灰岩层的内部造就出洞穴，雨水也不断打磨石灰岩层的表面使之产生龟裂。地下水的水面上下浮动时又会纵长地去侵蚀洞穴，再加上极端的气候变化，就逐渐形成了高30~70米、好似直立针形的针岩森林黥基。

在贝玛拉哈国家公园里生息繁衍的狐猴

1 登上梯子可以看到的大黥基的绝美景色
2 大黥基的观景台
3 大黥基的吊桥。向下俯瞰会比想象之中来得更高

主要的景点及游览方法

黥基国家公园拥有大约 15.7 万公顷的广大面积，大体上分为小黥基和大黥基两个部分。小黥基从作为公园入口的贝库杜卡出发即可到达，环游尖塔群地带大约需要 3 小时。如果包括洞穴参观及河边巡游一般就需要一天的时间。想要去看看有着更大规模、尖塔群更多的大黥基景区，就需要从贝库杜卡往返 5 小时以上的步行。途中，在岩石场需要使用背带，在最后的岩石场还要从岩底攀登梯子上去，行程会比较艰苦，但对于喜欢冒险的人来说会是一段超人气的旅程。

交通 · 当地旅游团等

乘坐途经土耳其伊斯坦布尔或者埃塞俄比亚的亚的斯亚贝巴的航班前往马达加斯加的首都塔那那利佛会比较方便。从塔那那利佛前往作为黥基国家公园游览起点的穆龙达瓦可以利用国内的航班。从穆龙达瓦租用 4WD 车可以前往作为黥基入口的贝库杜卡，但单程就需要 7 小时。因此建议参加从穆龙达瓦出发的当地 3 天 2 晚的旅游团。另外，**黥基在 11 月至次年 3 月会关园**，需要注意。

【当地的旅游团搜索】

■ VELTRA URL www.veltra.com/cn/

从狮头山到信号山的山丘的线条看上去确实像一头狮子俯卧的样子

南非 SOUTH AFRICA

山丘的形态犹如休息的狮子一般

开普敦狮头山

LION'S HEAD AT CAPETOWN

位于开普敦西侧的两座山丘相连，看上去好似一头狮子俯身在那里。在其头部的海拔高约 669 米的狮子头，也作为开普敦屈指可数的观景台而具有超高的人气。

主要的景点及游览方法

要登上狮头山的顶峰，就要在山脚下做好艰难攀登的准备。最后的一段路程会比较危险，大约需要 1 小时可以登到峰顶。站在山顶上可以眺望到狮子尾部的信号山、作为开普敦标志的海拔超过 1000 米的桌山，以及 360° 全方位的大西洋美景。尤其是想要看到桌山山顶附近被云雾所覆盖的“横断面”现象的话，这里便是最佳的观赏地点。

底盘为花岗岩，顶上部分为砂岩的狮头山

交通 · 当地旅游团等

想要前往有着狮头山的开普敦，可以利用途经迪拜、多哈、新加坡或者亚的斯亚贝巴等中东及亚洲、非洲城市的航班。狮头山位于开普敦城的西侧，乘坐市内交通 MyCiTi 可以到达山脚的附近。除了个人登山以外，白天或者早晚跟随导游的登山旅行，还有乘坐滑翔伞俯瞰狮头山、信号山以及桌山的刺激之旅都有着很高人气。

【当地的旅行社】

■ GetYourGuide

- URL www.getyourguide.com

能够欣赏到大片美景的三圆顶观景台

南非 SOUTH AFRICA

被称为世界三大峡谷之一

布莱德河峡谷

BLYDE RIVER CANYON

在古生代造山运动中形成的龙山山脉以北靠外的位置，便是布莱德河峡谷。是有着“喜悦河流”含义的布莱德河所造就的 3 万公顷的巨大峡谷。

主要的景点及游览方法

峡谷之内设有许多观景台，其中最有人气的就是三圆顶观景台。在海拔高差几乎达到 100 米的峡谷之中，这三座排列着的巨岩尤为壮观，令人联想到非洲传统的圆锥形茅草屋。除此之外，还有诸如名为“岩塔”“神窗”等的观景台，以及许多值得一看的景点。

交通 · 当地旅游团等

前往作为布莱德河峡谷行程起点的南非东北部城市格拉斯科普，可以先乘坐航班抵达约翰内斯堡，再从那里乘坐长距离巴士前往内尔斯普雷特（约 4 小时）。如果乘坐迷你巴士的话大约需要 2 小时 30 分钟。考虑到治安及观光便利度等方面，可以从约翰内斯堡租车，或者在内尔斯普雷特参加当地的旅游团前去游览。

【当地的旅行社】

■ Viator

URL www.viator.com

险峻陡峭的独立巨石“岩塔”

奇兰巴平衡石公园的标志——飞艇岩

津巴布韦 ZIMBABWE

成为津巴布韦旧版纸币上的图案

奇兰巴平衡石

CHIREMBA BALANCING ROCKS

如今依然有许多看上去似乎快要坍塌的平衡石

在津巴布韦的土地上保留有许多由 20 亿年前的花岗岩地层演变而来的平衡石。坚硬的花岗岩在长年累月风化侵蚀下同样也发生龟裂，在急速的温度变化之中产生剥离，这种变化不断持续就逐渐形成了如今的平衡石。在哈拉雷近郊的奇兰巴，有旧版津巴布韦纸币上印刷的国家指定的纪念物——被命名为“飞艇”、看似要坠落的平衡石等许多奇岩。除此之外，在津巴布韦西南部的布拉瓦的近郊，马托博国家公园里的平衡石群也十分著名。

交通 · 当地旅游团等

可以途经迪拜或者埃塞俄比亚前往津巴布韦的首都哈拉雷，这样最有效率。奇兰巴平衡石公园位于距哈拉雷中心部 10 公里左右的埃普沃斯的入口处，从市内乘坐巴士大约需要 20 分钟。

由于恶性通货膨胀而停止发行的旧版津巴布韦 100 兆津元纸币。当时的纸币之上都印有奇兰巴平衡石

北美洲
NORTH AMERICA

北 美 洲 极 具 魅 力 的 奇 岩 · 巨 石

92 魔鬼塔国家保护区
Devils Tower National Monument

93 恶地国家公园
Badlands National Park

94 梦幻谷
Fantasy Canyon

95 魔怪谷州立公园
Goblin Valley State Park

96 锡安国家公园
Zion National Park

97 众神花园
Garden of the Gods

98 大弯曲国家公园
Big Bend National Park

99 阿世石勒多环芳烃荒野石林
Ah-Shi-Sle-Pah Wilderness

100 比斯蒂德纳津荒原
The Bisti/De-Na-Zin Wilderness

101 奇里卡瓦国家保护区
Chiricahua National Monument

102 塞多纳四大能量旋涡
Four Major Sedona Vortexes

103 飞翔间歇泉
Fly Geyser

104 莫诺湖的泉华塔
Tufa Tower - Mono Lake

105 酋长岩（约塞米蒂国家公园）
El Capitan (Yosemite National Park)

106 保龄球海滩
Bowling Ball Beach

107 阿拉巴马山的莫比乌斯拱门
The Mobius Arch - Alabama Hills

108 草垛岩
Haystack Rock

109 恐龙州立公园
Dinosaur Provincial Park

110 大自然定时器
Nature's Time Post

111 珀斯巨孔石
Rocher Percé

112 伯尔纳巨岩
Peña de Bernal

大地之上突然隆起而起的火成岩巨岩

美国 U.S.A.

作为电影《第三类接触》当中的最后一个场景而为世人所知

魔鬼塔国家保护区

DEVILS TOWER NATIONAL MONUMENT

据说 1906 年时任美国总统的罗斯福只是看到了魔鬼塔的照片便被这里的景观所震撼，于是将之指定为美国的第一处国家保护区。由山脚算起高 264 米、顶上部分南北长 122 米、东西宽 61 米。作为斯皮尔伯格的代表作《第三类接触》当中的最后一个场景，UFO 降落的地方，这里一夜之间声名远扬，在这以前作为原住民的圣地在当地人的心目当中有着十分神圣的位置。

魔鬼塔的周边都变成了草原，有草原犬鼠穿梭其中

主要的景点及游览方法

魔鬼塔是约 5000 万年之前上升至地表附近的岩浆冷却凝固之后，周围柔软的地层受到侵蚀而露出的火山岩颈。岩浆凝固时所产生的柱状节理将火山岩颈的岩石肌肤覆盖，使这里呈现出了十分稀有的独特地貌。沿着魔鬼塔的一周有游览的步道。可以在这里一边漫步，一边从各种不同的角度仔细地去仰视观赏这块巨大的岩石。此外也可以在攀登者中人气很高的地点体验下攀岩，每年会有约 4000 人来此挑战。

魔鬼塔可谓是许多美国原住民部族的圣地，也流传着各种各样的传说，在这里介绍其中之一。据说在当地曾经居住着八姐弟。有一天，弟弟的身体开始长出浓密的体毛，并伸出爪子变成了熊。变身成熊的弟弟开始袭击追赶姐姐。姐姐们飞快地爬到巨大的树桩上，树桩却突然朝天长了起来，最终变成了魔鬼塔，救了姐姐们的性命。塔身表面上的纵深裂痕都是熊攀登时抓挠的痕迹。

交通 · 当地旅游团等

起点城市为南达科他州的拉皮德城。可以乘坐途经达拉斯或者丹佛的航班前往拉皮德城。从拉皮德城至魔鬼塔大约 180 公里，租车前往的话大约需要 2 小时。此外从拉皮德城出发还有许多家旅行社推出了魔鬼塔 1 日游的行程。在拉皮德城周边，除魔鬼塔之外，还有恶地国家公园（→ p.134）、拉什莫尔山国家纪念公园等许多自然的景点。最好能空出时间在这里一一游览。

【当地主要的旅行社】

- Affordable Adventures

  URL www.affordableadventuresbh.com

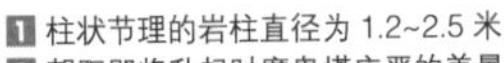

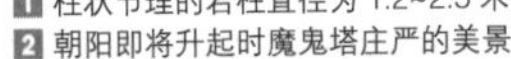

1 柱状节理的岩柱直径为 1.2~2.5 米

2 朝阳即将升起时魔鬼塔庄严的美景

恶地国家公园也成了电影《与狼共舞》的拍摄地

美国 U.S.A.

原住民的创世纪传说渲染之下的奇岩地带

恶地国家公园

BADLANDS NATIONAL PARK

因为这一带奇特的地貌而被命名为恶地国家公园。被原住民苏族人称为“恶地”的这片区域，是 7500 万 ~2800 万年前堆积的地层在岁月的不断侵蚀之下逐渐形成的。

主要的景点及游览方法

恶地国家公园拥有 924 平方公里的广大面积。一般来说，作为观光线路的是能够通往北部、名为恶地环路 BadlandsLoop 的道路，路上设有多个观景台。尤其从雪松山隘 Cedar Pass，可以看到被侵蚀过的十分广大的高地，还会有着多条观光道路，具有很高的人气。此外，在石林尖塔 Pinnacles 也可以看到有着许多尖锐岩峰的震撼景观。

据苏族的传说，在地球创世纪的时代，巨兽恩克特基拉与雷神瓦基洋进行激烈战斗的地点就在这片恶地之上。恩克特基拉的骨头散落在恶地上形成了各种各样的山峰。当地发现的许多 3400 万 ~2500 万年之前的化石，就被苏族人认为都是恩克特基拉骨头的一部分。

交通 · 当地旅游团等

起点城市是南达科他州的拉皮德城。可以乘坐途经达拉斯或者丹佛的航班前往。从拉皮德城到恶地国家公园约 120 公里，租车的话大约需要 1 小时 30 分钟。此外拉皮德城也有多家旅行社推出了一日游的项目。

【主要的当地旅游团】

■ Black Hills Tour Company

URL www.blackhillstourcompany.com

在恶地国家公园周边还可以看到水牛

这里有许多犹如艺术作品一般的不可思议的岩石

美国 U.S.A.

有着独特造型的岩石宝库

梦幻谷

FANTASY CANYON

3800 万年前位于巨大湖泊底部的堆积层露出地表，逐渐形成砂岩、页岩、粉砂、泥岩等不同形态。每一种岩石的硬度不同，受到的侵蚀因素也各不一样，这里就好似一个奇特的国度一般，许多岩石营造出些许令人感到可怕的气氛。

主要的景点及游览方法

梦幻谷是一个只有 10 英亩（约 0.04 平方公里）的很小的自然保护区，步行一周只有 1 公里左右。而在这短暂距离的漫步之中，却可以看到各种形态不可思议的岩石。如果是奇岩爱好者，这个地方一定不要错过。这一地带的岩石大部分都是砂岩，都比较容易损坏。

交通 · 当地旅游团等

梦幻谷位于犹他州东北部弗纳尔以南约 50 公里的地方（乘车约 1 小时）。可以在美国国内主要城市换乘前往盐湖城，从那里再出发约 280 公里。乘坐巴士大约 4 小时，考虑到梦幻谷观光行程建议租车前往。

岩石在夕阳下化身为剪影时的美景最具人气

公园入口处镇守的 3 座怪石，是令人不可思议的大自然的杰作

美国 U.S.A.

这里有许多以魔怪命名的奇岩

魔怪谷州立公园

GOBLIN VALLEY STATE PARK

位于美国西部大环线（→ p.10）之内，有着无数小妖精般外形岩石的魔怪山谷。1.8 亿 ~1.4 亿年之前的砂岩层在常年不断的侵蚀之下，逐渐形成了如今这样奇特的奇岩地带。

主要的景点及游览方法

公园入口处迎接游客的 3 座怪石看上去十分可爱。实际上在山谷公园的中部还有着无数的岩石像。一座座怪石比人类的身高稍高一些，对于小孩子来说这里是个很好的玩捉迷藏的地方。在当地犹他州的孩子们当中也有着超高的人气。砂岩层的峭壁上部受到常年的侵蚀，看上去犹如僧院的浮雕一般。山谷本身并没有太大的面积，1~2 小时就可以玩得十分尽兴了。

谷底有许多的怪石

交通 · 当地旅游团等

在畅游美国西部大环线的途中顺便来看看最佳。地点位于圆顶礁国家公园与拱门国家公园之间。没有旅游团的可选行程，建议租车前往。

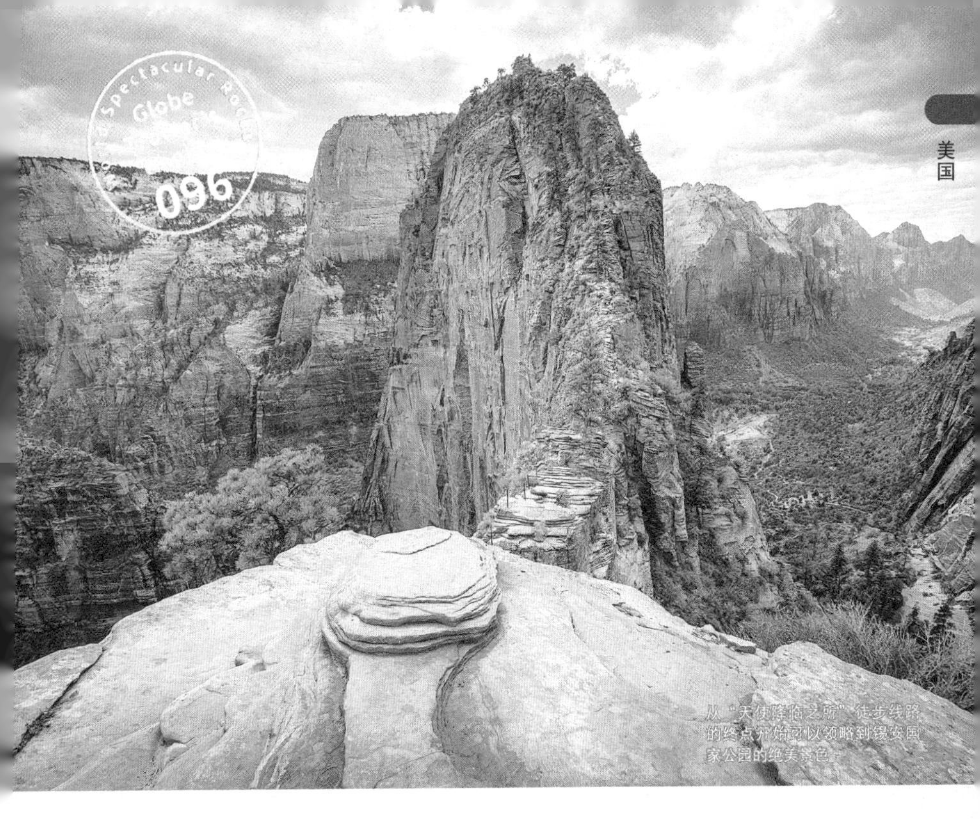

从"天使降临之所"徒步线路的终点开始可以领略到锡安国家公园的绝美景色。

美国 U.S.A.

作为岩石艺术的宝库而世界闻名

锡安国家公园

ZION NATIONAL PARK

在长达 24 公里的大峡谷之中好似插入一般矗立着的大量的巨型岩石。有着各种形态色调岩石的锡安国家公园是 1.8 亿年前便存在的纳瓦霍砂岩层在维琴河的不断侵蚀之下逐渐形成的。

主要的景点及游览方法

锡安国家公园是由高度为 800 米左右的巨岩形成的山谷。这里有许多岩石非常值得一看。首先是世界上屈指可数的一块巨大的单体岩石"白色大宝座"。从谷底开始算起高度为 720 米，与其他岩石所不同的是白色表面十分引人注目。此外，被命名为"天使降临之所"的单薄岩壁独峰也具有很高的人气。园中铺设有往返 8.6 公里、约 4 小时的游览步道，站在山顶上向下俯瞰景色也很美。除冬季之外国家公园内往来有区间巴士，可以轻松到达主要的步道入口处。

"白色大宝座"的名称来源于《旧约・圣经》中《白色大宝座的审判》

交通・当地旅游团等

如果能够在美国西部大环线的环游途中顺便来看一看那是最好。从拉斯维加斯出发也有锡安国家公园的当日返旅游团。

重达 600 吨的巨岩平衡石矗立在公园的入口处

美国 U.S.A.

每年会有超 200 万的旅行者造访的高人气自然公园

众神花园

GARDEN OF THE GODS

如今看上去依然好似要坠落在公路上的巨岩平衡石，还有高度超过 150 米的砂岩奇峰群等，在众神花园里可以尽情地去领略各种美丽造型的砂岩岩石。洛基山脉和派克峰的造山运动引发地层的隆起，再加上冰河时期的侵蚀造就了如今这样一片著名的风景胜地。

主要的景点及游览方法

1859 年，两名男子来这里进行城市间道路建设调查期间，发现了这一片砂岩奇石集中的地带。其中的一个人感叹道：“这里是众神集会最适合的场所，可谓是众神的花园了！”于是这里便因此得名。园中除了铺设有各种各样的观光步道之外，还可以骑马或者驾驭平衡车惬意游览。

矗立在中央花园内的岩峰

交通 · 当地旅游团等

可以将丹佛作为行程的起点。景区位于丹佛以南约 110 公里的地方，租车的话大约需要 1 小时 30 分钟。众神花园及派克峰（海拔 4301 米）的组合观光 1 日游项目可以在丹佛出发的旅游团处预订。

【当地主要的旅行社】

■ Ilimo URL www.ilimo.net

夹在两块石头之间的令人不可思议的平衡石

美国 U.S.A.

平衡石及温泉都具有很高人气

大弯曲国家公园

BIG BEND NATIONAL PARK

事实上占有了美国与墨西哥国境附近 1/4 区域的大弯曲国家公园，总面积达 3242 平方公里，除了奇岩绝景之外，还有格兰德河以及奇索斯山脉、奇瓦瓦荒漠等富于变化的大自然景观。还有可以治愈旅途疲惫的最令人放松的温泉。

主要的景点及游览方法

在大弯曲国家公园中想要看到超人气的平衡石就去走葡萄山小路 Grapevine Hills Trail。这是 3800 万 ~2700 万年前形成的花岗岩高地在常年的侵蚀之下形成的一片区域，在约 1.8 公里的小路上漫步，可以仔细地去观赏大自然造就出来的各种不可思议的岩石形态。来到岩山之上还可以看到作为游览目标的平衡石——好似拱门一般夹在岩石与岩石之间的一块巨岩。透过石块之间的空隙可以看到面积广大的国家公园的绝美景色。

春季、夏季遍地开满了德州鼠尾草

格兰德河沿岸的温泉

交通 · 当地旅游团等

可以先途经丹佛等地飞往埃尔帕索。因为没有旅游团前往，所以需要租车。从埃尔帕索至大弯曲国家公园大约 590 公里，需要 7 小时。住宿设施可以选择公园内的露营地或者驱车 1 小时左右可以到达的城市斯托克顿堡。

被命名为“翼王”的长度约4米的翅膀样貌的岩石

美国 U.S.A.

引起了众多自然写真爱好者的关注

阿世石勒多环芳烃荒野石林

AH-SHI-SLE-PAH WILDERNESS

阿世石勒多环芳烃荒野石林在美国的自然摄影家当中具有很高人气。在由美国土地管理局所管辖的这片新墨西哥州的区域内，可以看到大量的白垩纪的砂岩、泥岩以及页岩的堆积层在常年的侵蚀下所形成的蘑菇岩等奇岩。

主要的景点及游览方法

从很难走车的未经铺设过地面的停车场，步行前往奇岩参观的地带。可以看到众多蘑菇岩以及“外星人的宝座 Alien Throne”的梦之谷 Valley of Dreams，距离停车场需要往返步行 2 小时左右。要观赏“翼王 King of Wings”可以将车停在停车场相对侧的有着车轮印的道路上，然后步行去参观（往返 2 小时）。因为需要依靠 GPS 导航数据探索奇岩，所以最好是参加旅游团前往。

◆停车场 GPS 数据：36.14014，-107.92067

◆翼王 GPS 数据：36.1711167，-107.9726333

交通 · 当地的旅游团等

作为行程起点的是新墨西哥州的法明顿。距离最近的大城市是阿尔伯克基，可以在洛杉矶、圣弗朗西斯科（旧金山）或者丹佛等地转机前往。从阿尔伯克基一般租车前往法明顿，大约需要 3 小时 30 分钟（约 300 公里）。阿世石勒多环芳烃荒野石林一般是乘车观光，但途中会有许多未经铺设过的不平整的道路，租车保险可能不好理赔，因此建议参加当地的旅游团前往。

【当地主要的旅行社】

■ High Desert Photo Tours

URL jimcaffreyimages.com/index.html

名为“外星人的宝座”感觉有些许恐怖感的奇岩

在“裂蛋广场”上有许多在常年侵蚀中形成的圆润石蛋

美国 U.S.A.

必须携带 GPS 的美国奇岩秘境

比斯蒂德纳津荒原

THE BISTI/DE-NA-ZIN WILDERNESS

位于阿世石勒多环芳烃荒野石林附近的比斯蒂荒野，也是在恶地地貌之上有着众多奇岩怪石的美国土地管理局管辖的秘境。在这里如果不随身携带 GPS 就很有可能会迷路，广大的范围之内集中了大量的蛋形或者翅膀等形状的奇岩怪石。

主要的景点及游览方法

在纳瓦霍族人的语言当中“比斯蒂”代表着广大面积页岩的山丘，德纳津有着“鹤”的含义。这片区域与阿世石勒多环芳烃荒野石林一样，也是白垩纪时期的凹槽地形在不断的累积和侵蚀之下逐渐形成的奇岩地貌。被命名为蝠鲼和海狮的翅膀形岩石以及“裂蛋广场 Cracked Egg”等都十分著名。

◆停车场 GPS 数据：36.258972，-108.251972

交通 · 当地的旅游团等

地点就位于阿世石勒多环芳烃荒野石林的旁边，所以行程起点也是新墨西哥州的法明顿。比斯蒂荒原同样需要乘车游览，但是道路崎岖不平不太保险，因此还是建议参团前往。不过旅游团的出发地都在比斯蒂荒原的附近，因此必须先乘车抵达（可以只走铺设平坦的道路）。

被命名为海狮的翅膀形状的岩石

【当地主要的旅行社】

■ Navajo Tours USA URL navajotoursusa.com

■ High Desert Photo Tours

URL jimcaffreyimages.com/index.html

从Masai Point附近一眼望去便可看到各种各样的平衡石

美国 U.S.A.

平衡石及奇岩塔四处林立

奇里卡瓦国家保护区

CHIRICAHUA NATIONAL MONUMENT

约 2700 万年前的火山爆发后诞生的火成岩高地在昼夜大温差的刺激以及风雨的侵蚀之下形成的奇怪的岩石森林，是由无数的平衡石及尖峰状的尖塔岩组成的超高人气景点。

主要的景点及游览方法

从公园内铺设的道路终点——马塞观光景点 Masai Point（海拔 2094 米）出发有多条游览步道。人们最常选择的是回音谷步道 Eco Canyon Loop（1 周 5.5 公里、约 2 小时），可以一边眺望奇岩林立的全景一边漫步。如果想要观赏到更多的平衡石，就推荐在回音谷步道 Eco Canyon Loop 的途中转到大平衡石路。在这条路上可以看到直径 6.7 米、高 7.6 米、重量推测有 1000 吨重的巨岩平稳地立于岩柱之上的大平衡石（从马塞观景点 Masai Point 出发往返大约 10 公里，需要约 3 小时）。

交通 · 当地旅游团等

亚利桑那州的图森作为行程的起点。在洛杉矶或者圣弗朗西斯科（旧金山）换乘航班比较方便。图森距离奇里卡瓦国家保护区约 200 公里。当地没有旅游团，一般都是租车前往。

大平衡石很值得一看

1 雄伟而神秘的岩石教堂的夜景
2 从机场台地眺望的塞多纳
3 庄严的钟岩的夕阳
4 原住民坚信作为人类诞生地的博因顿峡谷

美国 U.S.A.

作为世界上少见的拥有巨大能量的景点而闻名

塞多纳四大能量旋涡

FOUR MAJOR SEDONA VORTEXES

塞多纳从远古时期开始便被美国原住民奉为圣地。人们相信这一带的岩石中存在地球上巨大的能量源泉——能量旋涡。其中据说能量最大的为钟岩、岩石教堂、梅萨机场以及博因顿峡谷这四个地方，总称为“塞多纳四大能量旋涡”。看上去就令人心生敬畏的岩山，让我们似乎能与当地的美国原住民一样感受到大地当中所蕴含的巨大能量。

主要的景点及游览方法

塞多纳的地形是约 3 亿年前的堆积岩层经常年不断的侵蚀而形成的。砂岩、页岩、泥岩以及石灰岩等地层都呈现出各种不同的颜色。

◆钟岩 Bell Rock

好似煎饼一般重叠的岩山，作为塞多纳特征的红色岩石留给人的印象尤为深刻。

◆岩石教堂 Cathedral Rock

塞多纳有代表性的能量旋涡。前往可以看到雄壮美景的岩石顶部，步道往返的行程需要 2~3 小时，有着很高的人气。

◆梅萨机场 Airport Mesa

距离城市最近的能量旋涡，眺望塞多纳美丽全景的最佳地点。

◆博因顿峡谷 Boynton Canyon

据当地民族的传说这里是人类的诞生地。还设有可以眺望到钟岩和岩石教堂的观景点。

交通 · 当地旅游团等

可以经由洛杉矶或圣弗朗西斯科（旧金山）前往菲尼克斯，再从那里乘坐区间巴士约 2 小时 40 分钟到达景区。租车的话大约需要 2 小时。从拉斯维加斯租车一般需要约 5 小时。自己租车的话私人游览四大旋涡会比较方便。此外，塞多纳当地也有许多旅游团的游览项目。还有从拉斯维加斯出发当日返的塞多纳旅游团。

【当地主要的旅行社】

■ VELTRA URL www.veltra.com

奇怪颜色的碳酸钙岩石间歇泉

美国 U.S.A.

由间歇泉的喷出物所造就的不可思议的奇岩

飞翔间歇泉

FLY GEYSER

约 93℃的热泉从地表喷出，随之一起喷出的矿物粒子凝固之后形成了间歇泉。喷泉有数个出口，作为间歇泉时会喷出大规模的热泉。因此，时至今日岩石的形态及颜色仍在不断地变化着。

主要的景点及游览方法

1916 年，在井下开采的挖掘作业当中偶然间发现了热泉的源头，但是由于无法作为农业用水来使用因而被搁置下来。1964 年，地热能量开发公司再度尝试挖掘，因为与该公司所希望的水温有所不同，便将开采的洞口堵住了，但在水压的作用之下热泉突然喷出，逐渐形成了如今这样不可思议的岩石形状。间歇泉独特的颜色是与温泉一同喷出的碳酸钙以及附着在上面的好热性藻类所创造的。此外，在这片区域内还有 1916 年挖井时保留下来的小型间歇泉。

交通 · 当地旅游团等

将内华达州与加利福尼亚州州境附近的里诺作为起点。途经洛杉矶或圣弗朗西斯科（旧金山）前往会比较方便。从里诺到有间歇泉的 Gerlach 大约有 180 公里，租车的话需要约 2 小时。间歇泉位于私有领地之内，因此只能参加限定时段的旅游团前往游览，详细情况参照下方。

■ Fly Ranch Nature Walks 2021

blackrockdesert.ticketleap.com/fly-ranch-nature-walks-2021/

令人感觉到静寂的清晨泉华塔的美景

美国 U.S.A.

最终会逐渐消失的不可思议的石灰岩塔

莫诺湖的泉华塔

TUFA TOWER - MONO LAKE

四周被山脉所包围，河流没有出口因而盐分浓度较高的莫诺湖中生存着的只有特殊的虾类及碱蝇。在这种严峻环境之下所保留的就是这片被称为泉华塔的石灰岩塔群。

主要的景点及游览方法

莫诺湖形成于 80 万 ~70 万年之前的火山活动中。湖水中所含有的钙成分与从湖底涌出的碳酸水相结合，慢慢地在湖底形成石灰岩质的岩塔。塔的高度最高接近 50 米。1941 年，洛杉矶开始将莫诺湖作为水源来加以利用，水位减少将近一半，湖底的泉华塔便逐渐露出水面。伴随着水位的下降，盐分浓度增高，这里的生态系统也遭到巨大的破坏。如今人们正在采取措施力求恢复以往的环境，而水位如果恢复至曾经的高度，泉华塔也必然会消失。

湖岸的一部分保留下来的曾受到侵蚀的石灰岩的湖底

交通 · 当地旅游团等

先到达圣弗朗西斯科（旧金山），然后租车前往景区。到达距莫诺湖最近的城市 Lee Vining 约 480 公里，所需时间约 6 小时。途中会路过约塞米蒂国家公园，推荐一并游览。冬季路过约塞米蒂的 Tioga Pass 会禁止通行，可以经由里诺前往景区（约 600 公里）。

约塞米蒂国家公园中首先映入眼帘的是巨石酋长岩

约塞米蒂国家公园当中除了酋长岩之外还有半圆顶等许多值得一看的岩石

美国 U.S.A.

世界上最大的一块花岗岩

酋长岩（约塞米蒂国家公园）

世界自然遗产

EL CAPITAN (YOSEMITE NATIONAL PARK)

位于约塞米蒂峡谷入口处的雄伟霸气的酋长岩。在西班牙语当中有着族长含义的这块岩石由谷底算起高达 996 米，笔直矗立着，威风凛凛的样子似乎可以压倒一切。每到夏季就会有许多攀岩爱好者集中于此，使这里成了著名的攀岩胜地。

约塞米蒂是黑熊的栖息地

主要的景点及游览方法

白垩纪后期形成的深成岩大地，随着内华达山脉的隆起，以及冰河时期的侵蚀等逐渐诞生了约塞米蒂峡谷。这里最具标志性的岩石便是酋长岩。初春时冰雪融化，酋长岩左侧峭壁上会垂下落差约 491 米的里本瀑布。在原住民的传说当中，有两只小熊瞒着母亲来这里游玩，感觉累了就在平坦的岩石上睡着了，这时候岩石却开始逐渐长大，长成了酋长岩。最终小熊在尺蠖的带领之下平安地从岩石上下来了。

公众可以到酋长岩参观，除此之外，约塞米蒂国家公园内还有半圆顶和哨兵岩等巨岩，以及落差达 739 米的约塞米蒂瀑布等十分著名的景点。

交通 · 当地旅游团等

可以先到达洛杉矶或者旧金山，约塞米蒂国家公园距离旧金山约 300 公里，从洛杉矶过去大约 450 公里，租车前往最为便利，此外，从旧金山出发也有许多 1~2 日的旅游行程，推荐参加。

【当地主要的旅行社】

■ VELTRA

URL www.veltra.com

保龄球海滩位于 Point Arena 城以南。正如名字中所描述的那样，这里的岩石好似保龄球（实际上比保龄球要大一些）一般分布在大海的沿岸。大海当中的一些物质颗粒与泥沙及石块相结合固化之后变成了球形的岩石，被淹没在海中，随着潮汐退去会逐渐露出海面。过去还没有如今的这种“结核”的概念，人们猜测这些莫非是“恐龙蛋的化石”。潮起的时候这些石块几乎都会淹没，因此想要去看一定要选择在退潮的时候！

交通 · 当地旅游团等

可以先乘坐直航到达圣弗朗西斯科（旧金山），景点位于圣弗朗西斯科以北约 210 公里的 Point Arena 海岸处。没有旅游团前往，因此建议租车。从圣弗朗西斯科出发单程约 3 小时。

只有在退潮时才会露出表面的球石

保龄球海滩

BOWLING BALL BEACH

美国 U.S.A.

透过莫比乌斯拱门看到的内华达山脉

美国 U.S.A.

成为许多电影拍摄地的奇岩地带

阿拉巴马山的莫比乌斯拱门

THE MOBIUS ARCH - ALABAMA HILLS

位于内华达山脉山脚处的山丘，有着许多拱门形岩石及花岗岩巨石的地方，同南北战争中的战舰名字一样被称作阿拉巴马山。作为山丘象征的便是能够让人联想到莫比乌斯环的莫比乌斯拱门。

主要的景点及游览方法

在由2亿~1.5亿年前的变成岩以及8500万~8200万年前的黑云母花岗岩共同形成的山丘阿拉巴马山，大漠的独特景色使之成了《恐龙》《钢铁侠》以及《星际迷航》等电影的拍摄地。如果选择大约1公里的莫比乌斯拱门环形步道前去游览，就可以在途中看到好似扭转过一般的莫比乌斯拱门形岩石，还能够眺望到拱门对面的惠特尼山以及隆帕因峰等超过4000米的内华达的高峰。

被花岗岩的奇岩所覆盖的阿拉巴马山

交通 · 当地旅游团等

将洛杉矶作为行程的起点。阿拉巴马山位于距洛杉矶约340公里的隆帕因市的附近。当地没有旅游团前往，因此一般都是租车去游览（单程所需时间约4小时）。周围还有死亡谷、莫诺湖以及约塞米蒂国家公园等景区，建议一同游览。

退潮之后海边显现出岩石的倒影，美丽景色十分上镜

美国 U.S.A.

高度达到 72 米的巨大海蚀柱

草垛岩

HAYSTACK ROCK

1700 万年前哥伦比亚平原上流淌出来的熔岩在大海的沿岸凝固后变为玄武岩层，之后由于地壳变动以及海水的侵蚀等形成了草垛岩。作为世界上屈指可数的巨大海蚀柱，这里也成了俄勒冈州的代表性景观。

从埃科拉州立公园看到的海蚀柱群

主要的景点及游览方法

退潮时可以走到草垛岩的旁边进行观赏，因此一定要提前确认好涨潮退潮的时间。此外在草垛岩的周边还有名为针岩的尖锐海蚀柱等景观，想要观赏到全景的话建议前往加农海滩旁边的埃科拉州立公园 Ecola State Park，站到观景台上眺望。

交通 · 当地旅游团等

以波特兰为行程的起点。草垛岩位于距波特兰约 140 公里的加农海滩。从波特兰到加农海滩乘坐巴士大约需要 1 小时 50 分钟。可以参加波特兰附近海岸沿线的 1 日观光游。也建议租车前往。从西雅图出发大约 320 公里，租车游览会更加方便。

【当地主要的旅行社】

■ Wildwood Adventures

URL www.wildwoodtours.com

■ America's Hub World Travel & Tours

URL americashubworldtours.com

恐龙州立公园内有许多看起来像蘑菇一样的蘑菇岩

加拿大 CANADA

有着世界稀有恐龙化石群的恶地地形

恐龙州立公园

DINOSAUR PROVINCIAL PARK

白垩纪后期堆积的三重地层交错形成恶地地貌，恐龙州立公园也因这样的地貌而远近闻名。在因侵蚀而造就的奇特景观当中，林立着数量众多的奇岩怪石。尤其是在7500万年前的地层当中发现了大量的恐龙完全化石，也使得这里成了无论大人小孩，凡是喜好岩石及恐龙的人都特别钟爱的观光胜地。

主要的景点及游览方法

因为冰河的退去及侵蚀而造就的地貌，在白垩纪的后期露出地表。这一带的地层也成了恐龙化石的宝库。此外，在有着陨石冲突痕迹、含有铱成分的6500万年以后的地层当中没有发现化石。说明这里还是能够展现恐龙灭绝过程的宝贵地点。园中铺设有1.3公里的恶地步道，除了可以自由欣赏蘑菇岩及尖塔岩等岩石之外，还可以参加园内的旅游团，观赏到真正的恐龙化石。

交通 · 当地旅游团等

以卡尔加里作为行程的起点。恐龙州立公园位于卡尔加里以东约220公里的地点，在卡尔加里参加1日区间巴士游会比较方便。租车的话，单程大约2小时30分钟。

【当地的区间车旅游团】

■ Prairie Sprinter

URL prairiesprinterinc.ca

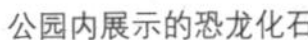

公园内展示的恐龙化石

世界奇岩绝石 World Spectacular Rocks

稀有的柱状节理平衡石

大自然定时器

NATURE'S TIME POST

加拿大 CANADA

位于新斯科舍省西北部长岛的柱状节理悬崖处，有被称为大自然定时器的平衡石。在森林当中往返2.5公里的平衡石步道上可以看到，如今依然十分惊险地矗立着的高约9米的奇岩柱。

交通 · 当地旅游团等

途经多伦多或蒙特利尔前往哈利法克斯。之后租车前往景区。大自然定时器位于长岛，包括渡轮在内的游览单程时间约3小时30分钟。如果想要住宿的话，建议选择距离岩石处车程1小时30分钟的港口城市迪比格 Digby。

环游加斯佩半岛时绝对不可错过的景点

珀斯巨孔石 ROCHER PERCÉ

还能够透过拱门巨石的洞口观赏到升起的太阳……

加拿大 CANADA

作为加拿大发源地的半岛上屈指可数的风景胜地而闻名于世

珀斯巨孔石

ROCHER PERCÉ

魁北克省加斯佩半岛位于圣劳伦斯河的河口处，1534 年探险家雅克 · 卡蒂亚来到这里，开始构建起法国殖民地的基础。对于加拿大来说，位于加斯佩半岛一端的海蚀柱珀斯巨孔石具有着重要的历史意义。高度 88 米、长度 433 米、宽度 90 米的巨大规模也被雅克 · 卡蒂亚记录下来。

主要的景点及游览方法

珀斯巨孔石是 3.75 亿年前的石灰岩岩层在大海的侵蚀之下逐渐形成的。根据雅克 · 卡蒂亚的记录，岩石共有 3 个拱门形洞口。如今在珀斯巨孔石的旁边也有被称为方形尖顶塔的海蚀柱，曾经与珀斯巨孔石相连，其间也有洞孔。记载当中没有最初的拱门形洞孔崩坏的记录，而在 1845 年，珀斯巨孔石与方形尖顶塔相连的拱门崩坏后变成了如今的样子。退潮时分沙滩露出地表，可以步行过去近距离观赏珀斯巨孔石。

交通 · 当地旅游团等

可以经由多伦多或蒙特利尔等地前往加斯佩。从加斯佩到珀斯巨孔石对岸的城市珀斯约 65 公里。有巴士通往景区，所需时间约 1 小时。一般租车去游览会比较方便。

耸立在魔法村背后的巨岩

墨西哥 MEXICO

高 350 米的一块巨大岩石

伯尔纳巨岩

PEÑA DE BERNAL

伯尔纳是被墨西哥政府给予"魔法村"称号的魅力村庄之一，巨大的岩石伯尔纳便是这个村庄的标志。人们相信这座岩山拥有特别的能量，据说尤其在每年的春分前后这里会有很多 UFO 的目击事件发生。因此，每到这个时候就会有许多观光客蜂拥至此。

主要的景点及游览方法

伯尔纳巨岩是约 6500 万年前火山道中生成的火成岩在之后的侵蚀中山体被削磨而成的火山岩颈。海拔高 2510 米，从伯尔纳城外的登山道入口处算起高度约 350 米。想要到达约 300 米的第 8 站位置没有特殊的装置是不允许攀登的（需要专业的攀岩装备）。这一带还有许多可以攀登的地点，但都比较险峻，通常从山脚下攀登单程都需要约 1 小时。从第 8 站开始还保留有 18 世纪的教堂等遗址，可以尽情去领略可爱的伯尔纳城的美丽风光。

交通 · 当地旅游团等

先经由墨西哥城前往作为行程起点的城市克雷塔罗。墨西哥城至克雷塔罗乘坐巴士所需时间约 3 小时。伯尔纳村位于距克雷塔罗约 60 公里以东的位置，乘坐巴士大约 2 小时。在克雷塔罗也可以参加当日返回的旅游团。从墨西哥城出发也有许多 2 天 1 晚的克雷塔罗周边的游览线路可以选择。

【当地主要的旅行社】

■VELTRA URL www.veltra.com

从伯尔纳巨岩第 8 站的位置向下眺望

南美洲

SOUTH AMERICA

南 美 洲 极 具 魅 力 的 奇 岩 · 巨 石

哥伦比亚屈指可数的人气观光地

哥伦比亚 COLOMBIA

成为原住民圣地的巨大岩石

埃尔佩尼奥尔巨岩（瓜塔佩巨岩）

LA PIEDRA DEL PEÑOL

埃尔佩尼奥尔巨岩因为地处瓜塔佩的近郊因而也被通称为瓜塔佩巨岩。这一带被当地的原住民尊奉为圣地。从山脚下至山顶 220 米高的山体之上，沿着岩石的纹路建造有锯齿形的 740 级台阶，从远处看上去好似系了带的鞋子一般。

高 2000 米以上的海拔，走台阶上去会筋疲力尽

主要的景点及游览方法

这是约 7000 万年前形成的一块巨大的花岗岩岩石，人们曾经相信这是“陨石从天空中坠落至此”。因为成了瓜塔佩的象征，所以有的人将“GUATAPE”的文字记录在岩石的表面，但由于受到了当地原住民的反对，如今只剩下了“G”及“I”（“U”的部分）。锯齿状的台阶可以攀登到 659 级的岩石之上，而想再登上观景台一共需要攀登 740 级台阶。

交通 · 当地旅游团等

先乘坐航班前往麦德林。途经美国主要城市有很多航班前往波哥大，也可以在那里换乘。从波哥大到麦德林也有很多巴士（所需时间约 9 小时）前往。埃尔佩尼奥尔巨岩位于麦德林以东约 70 公里的佩尼奥尔蓄水池湖畔，从麦德林出发乘坐巴士约 1 小时 30 分钟。在埃尔佩尼奥尔巨岩的旁边还有玩具一般可爱且色彩缤纷的小镇瓜塔佩，推荐一同游览。

委内瑞拉 VENEZUELA

据说保留了世界上最古老的岩盘

桌山（卡奈马国家公园）

TABLEL MOUNTAINS (CANAIMA NATIONAL PARK)

在横跨委内瑞拉、圭亚那、苏里南、法属圭亚那、巴西、哥伦比亚六个地区的圭亚那高原上，在委内瑞拉的卡奈马国家公园当中，有大小 100 余座被原住民命名为“神的住所”的桌山。有海拔 2810 米（从山脚下算起高度达 1000 米以上）的罗赖马山，还有世界上最大落差的天使瀑布所在的奥扬特普伊山等，圭亚那高原上具有代表性的桌山，是喜好巨岩绝景的游客一定要到访的地方。

卡奈马的主要酒店中迎接游客的白喉巨嘴鸟

1 卡奈马国家公园中最具人气的罗赖马山
2 罗赖马山上有许多的奇岩怪石
3 被誉为世界第一落差的天使瀑布
4 从罗赖马村能够眺望到雄伟的桌山

主要的景点及游览方法

由 20 亿 ~14 亿年前堆积的砂岩及石英岩地层所形成的世界上最古老的岩山群。6 亿年前的大陆漂移时期位于回转轴之上，据推测自冈瓦纳大陆时代起位置就没有改变过。

◆罗赖马山 Mount Roraima

在原住民的语言当中，罗赖马有着“伟大”的含义。从卡奈马出发有一周左右的步行旅游行程可以参加，山顶上还有随处可以看到水晶的水晶点以及奇岩地带，还有委内瑞拉—巴西—圭亚那的三国国境线。

◆奥扬特普伊山 & 天使瀑布

Auyantepuy & Angel Falls

岩石之上有面积广大的巨大桌山。从岩石上垂落下来的天使瀑布落差达到 979 米。因为落差巨大所以在到达地表之前会泛起许多水雾，落下后形成瀑布潭，从卡奈马出发一般会有包含观光游艇在内的 2~3 晚的观光行程。

交通 · 当地旅游团等

可以先途经美国的主要城市或者欧洲前往委内瑞拉的首都加拉加斯。然后换乘国内航班到达玻利瓦尔城，再乘坐小型机前往卡奈马国家公园。可以参加从玻利瓦尔城或者卡奈马出发的旅游团前往观光，当地也有数量众多的行程可以选择。

未曾开发的原始森林当中突然出现的沃尔茨伯格

苏里南 SURINAME

20 元苏里南纸币上印有的国家标志性的巨岩

沃尔茨伯格（苏里南中心自然保护区）

VOLTZBERG (CENTRAL SURINAME NATURE RESERVE)

20 亿年前，埋在地下的硬固花岗岩露出地表之后形成沃尔茨伯格。整块岩石在顶部分为两部分，最高处海拔高度达到 245 米（从地表算起高度约 150 米）。在苏里南的原始丛林当中还有两块更大的单体岩石，但是从形态的美观以及观赏线路的可能性来说，沃尔茨伯格都更具有国家象征性的意义。

20 元苏里南纸币上印着的沃尔茨伯格

主要的景点及游览方法

沃尔茨伯格位于苏里南中心自然保护区之内。是尚未进行真正的调查及开发的一片原始森林，想要去观光只能参加从当地出发的旅游团。通常是先乘车前往苏里南中心自然保护区的入口处比塔格隆 Bitagron，再从那里乘船前往基地营，从露营区步行穿越原始丛林登顶沃尔茨伯格。基地营的附近还是有着美丽橙色羽毛的雄性岩鸟 Cock of the Rock 的栖息地。

喜欢鸟类的话一定要看一看岩鸟

交通 · 当地旅游团等

苏里南是南美唯一属于荷兰语圈的地区。从这里发抵的国际航班较少，可以选择途经荷兰的航班，或者从美国的主要城市前往特立尼达和多巴哥，从那里再去苏里南。前往有着沃尔茨伯格的苏里南中心自然保护区可以参加从首都帕拉马里博出发 4 天 3 晚至 9 天 8 晚的旅游团。

【当地主要的旅行社】

■ All Suriname Tours　URL allsurinametours.com

上部比下部的岩质更为坚硬，因而下部被侵蚀得更加严重，形成了树一样的形状

玻利维亚 BOLIVIA

被称为“树岩”的海拔超过 4000 米的奇岩

石树

ÁRBOL DE PIEDRA

在玻利维亚与智利的国境线附近，海拔 4200~5400 米的爱德阿都·阿瓦罗·安第斯动物群国家保护区当中，在广大的斯拉拉沙漠上突然出现了奇岩地带。作为其象征的，便是在西班牙语当中有着树岩含义的石树。

主要的景点及游览方法

从以绝美景色闻名的乌尤尼盐沼前往并不是太远的斯拉拉沙漠，位于其入口处的就是高度为 5 米左右的奇岩石树。含有石英成分的岩石在几百万年之中，在严酷的沙漠环境里被风雨侵蚀逐渐形成了如今的模样。正如“石树”的名字一样，看上去就好似广漠当中的一棵树迎风矗立着。在岩石的周边还有岩片，据推测都是在侵蚀过程当中掉落下来的。

在石树的周围还有许多奇形怪状的岩石

交通·当地旅游团等

途经美国的主要城市前往玻利维亚的行政首都拉巴斯。再从拉巴斯乘坐国内航班前往以盐沼绝美景色而著称的乌尤尼（从拉巴斯出发还有巴士可以到达，所需时间 10 小时）。可以参加从乌尤尼出发的 3 天 2 晚的石树之旅，或者从乌尤尼出发前往智利的圣佩德罗—德阿塔卡马的 3 天 2 晚移动型跨国旅游团，在途中顺便游览。

【当地主要的旅行社】

■ Viacha Tours

URL www.viacha-tours.com

■ Hodaka Mountain Expeditions

URL www.uyunihodakabolivia.com

无数陡峭的岩石填满山谷

玻利维亚 BOLIVIA

阿波罗 11 号的船长阿姆斯特朗给这里取名为“月亮谷”

月亮谷

VALLE DE LA LUNA

位于玻利维亚行政首都拉巴斯近郊的有着恶地地貌的山谷月亮谷，处于海拔超过 3600 米的安第斯高原地带，因火山活动而产生的砂岩、泥岩等堆积岩层在常年的不断侵蚀当中逐渐造就了这里奇特的风景。

主要的景点及游览方法

被取名为“妇人的帽子”的尖塔岩

作为人类首次登上月球表面的阿波罗 11 号的船长尼尔·阿姆斯特朗，在与月球登陆同年的 1969 年访问了玻利维亚。据说因为这里山谷的景观令他联想到月球的表面，所以给这里取名为“月亮谷”。谷中设有 15 分钟以及 45 分钟的游览步道，尖塔奇岩带 15 分钟，更前方的溪谷状恶地地貌附近有 45 分钟的游览线路可以观赏。

交通·当地旅游团等

先途经美国的主要城市前往拉巴斯。月亮谷位于距拉巴斯中心部 10 公里左右的地方，可以乘坐迷你巴士前往。此外，也可以参加周游拉巴斯观光地随时上下车形式的旅游团 Sightseeing City Tour La Paz，顺便去看一看。

■ Sightseeing City Tour La Paz
 www.ticketsbolivia.com/tours/la-paz-tour-bus.php

令登山的疲惫一扫而空的绝美奇景

秘鲁 PERU

刊登在国家地理杂志上获得广泛热议的奇景

维尼昆卡山（彩虹山）

VINICUNCA RAINBOW MOUNTAIN

维尼昆卡山有着地层绝景，引起世界范围的关注。维尼昆卡山由于构成地层的矿物质成分的不同而衍生出奇特的景观。地表之上由于矿物质的氧化而造就了令人震撼的七彩斜面。

主要的景点及游览方法

能够看到维尼昆卡山多彩地层美景的地点在海拔高约 5100 米的地方。从库斯科到达步行开始的地点（4500 米）乘车大约需要 3 小时。从那里开始步行往返 16 公里。因为是 5000 米上下高度的步行之旅，有引发高山反应的可能。因此一定切记不要勉强。此外，不擅于步行的人建议利用马匹或者骡子（最后的斜面需要凭借自身的力量爬上去）。从观景台眺望到的七彩美丽地层之美很难用语言形容出来。

当地民族的人牵着马匹

交通 · 当地旅游团等

先途经美国的主要城市前往秘鲁的首都利马。再乘坐国内航班前往库斯科。维尼昆卡山（彩虹山）距离库斯科约 180 公里。一般都是参加从库斯科出发的当日旅游团前往观光。

【当地主要的旅行社】

- Mountain Vinicunca
  URL www.mountainvinicunca.com
- Rainbow Mountain Travels
  URL www.rainbowmountaintravels.com

大理石样的青蓝色调呈现出令人窒息的美感，教堂一般的奇特洞穴

智利 CHILE

大理石与湖水的青蓝色造就出幻想中的美丽绝景

大理石教堂洞窟

CATEDRAL DE MARMOL

乘坐独木舟参观大理石教堂洞窟也很受欢迎

在有着冰河时期造就的峡湾及冰河湖的南美最南端的巴塔哥尼亚，石灰成分沉淀至谷底从而呈现出乳青色的湖水，辉映着大理石的洞穴，打造出世界范围内独一无二的美丽景观。

主要的景点及游览方法

浮于南美第二大的卡雷拉湖之上的大理石岛屿。其中有许多都是在数千年的岁月里受到湖面水波的侵蚀削磨而成的洞穴。大理石模样的洞窟内的景观，在冰河湖所特有的青蓝色湖水的映衬之下显得十分美丽。约2小时的游船之旅中可以观赏到10个左右的洞穴。9~11月为最佳游览季，尤其上午时分湖水的青蓝色会让场景更为壮观。

小岛的湖面部分成为洞穴

交通 · 当地旅游团等

途经美国的主要城市前往智利的首都圣地亚哥。再从那里乘坐国内航班进入巴塔哥尼亚地区的巴尔马塞达。可以乘坐巴士或者租车前往大理石教堂洞窟所在的卡雷拉湖湖畔小镇宁静港 Puerto Rio Tranquilo。租车的话大约3小时，巴士的车次很少，需要在中途城市住宿一晚。组够一定的人数之后，宁静港 Puerto Rio Tranquilo 会有乘船的旅游团前往。还有皮艇的导游之旅可以选择。

在萨尔塔的公路上看到的"岩之城"

阿根廷 ARGENTINA

被称为南美的大峡谷

拉斯孔查斯峡谷

QUEBRADA DE LAS CONCHAS

大约 1 亿至 6000 万年前的地层，在拉斯孔查斯河的侵蚀之下逐渐形成了壮美的大峡谷。含有铁成分的地层氧化之后呈现出带有红色的岩石外表。此外这里在安第斯山脉形成之前都处于海底，在这一带还发现了数量众多的海洋化石。

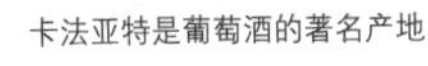

卡法亚特是葡萄酒的著名产地

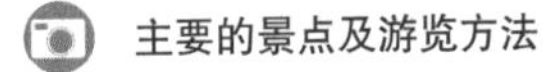

主要的景点及游览方法

在拥有大约 257 平方公里面积的自然保护区中，可以看到各种各样的岩石绝景。尤其在溪谷入口处如要塞一般景观的"岩之城 Los Castillos"，还可以看到 1 亿年前断层的"恶魔之喉 Garganta del Diablo"，以及溪谷当中开口的巨大的空间"圆形剧场 El Anfiteatro"等都很值得一见。

位于数十米岩壁之间的"恶魔之喉"

交通 · 当地旅游团等

游览拉斯孔查斯峡谷的行程起点为阿根廷北部的萨尔塔。一般是经由美国的主要城市先到达布宜诺斯艾利斯，再换乘国内航班前往萨尔塔。从萨尔塔出发建议租车或者参加当地的旅游团。拉斯孔查斯峡谷入口处的卡法亚特是著名的葡萄酒产地，参加旅游团的行程还可以去酿酒厂看一看。

【当地主要的旅行社】

■ UMA Travel

URL www.umatravel.tur.ar

被取名为蟾蜍的奇岩

阿根廷 ARGENTINA

被各色地层所覆盖的溪谷

乌玛瓦卡溪谷

世界文化遗产

QUEBRADA DE HUMAHUACA

有着“彩虹之谷”通称的乌玛瓦卡溪谷，是在格兰德河常年的侵蚀之下形成的，是南北长达 150 公里的大溪谷。从先寒武纪开始堆积的岩盘地层不断隆起，由于堆积年代各异，地层中所含有的矿物质也有所不同，也因此呈现出各种不同的颜色。此外，连绵起伏的山峰也向人们展示出常年侵蚀打磨的剧烈程度。

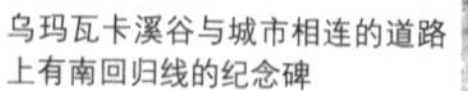
乌玛瓦卡溪谷与城市相连的道路上有南回归线的纪念碑

1 从彩虹山眺望的 14 色山丘。也成了乌玛瓦卡具有代表性的景观
2 蒂尔卡拉城外还有纪念印加时代遗址的纪念碑
3 普尔马马尔卡的村前有一片七色的山丘
4 乌玛瓦卡与普尔马马尔卡之间的乌基亚因恶地地貌而闻名

主要的景点及游览方法

乌玛瓦卡溪谷周边的岩山在许多地方显露出了各种各样色调的地层。此外，这片区域还是 1 万余年重要的交易通道。蒂尔卡拉的城中还有印加时代的遗址，喜好遗址的朋友这里很值得一去。

◆普尔马马尔卡 Purmamarca

海拔 2192 米的乌玛瓦卡溪谷观光的中心地。村子背后露出的地层被称为七色山丘。在这里可以轻松地看到绝色美景，游客一般都是参加从萨尔塔出发的 1 日观光游。

◆彩虹山 Hornocal

乌玛瓦卡溪谷深处的观景点，以首屈一指的绝美景色而著称（一般的旅游团无法进入）。位于乌玛瓦卡城市以东约 25 公里的地方，在这里可以眺望到有 14 色地层带的山峰。

交通 · 当地旅游团等

经由美国的主要城市到达布宜诺斯艾利斯，再换乘国内航班前往萨尔塔。从萨尔塔到乌玛瓦卡溪谷，可以利用途经胡胡伊 Jujuy 的巴士。换乘比较顺利的话，到达普尔马马尔卡所需时间约 4 小时，到乌玛瓦卡约 5 小时。可以租车游览彩虹山。此外，从萨尔塔出发也有乌玛瓦卡溪谷主要景点 1~2 日的环游之旅可以选择。

【当地主要的旅行社】

■ UMA Travel URL www.umatravel.tur.ar

阿根廷 ARGENTINA

可以看到世界上最古老恐龙化石的岩石绝景地带

伊斯奇瓜拉斯托及塔兰帕亚自然公园群

世界自然遗产

ISCHIGUALASTO/TALAMPAYA NATURAL PARKS

在当地有着“月亮谷 Valle de la Luna”别称的伊斯奇瓜拉斯托州立公园和塔兰帕亚国家公园，这两处都是三叠纪时海底堆积的地层隆起的地点，两所公园加在一起超过了 2753 平方公里。红色的岩壁、白色的奇岩群以及有着 30 厘米左右圆球形岩石的岩石场等，在荒凉的沙漠气候的大地上，可以尽情去领略大自然所创造的各种各样的岩石表情。此外，这里作为世界上最古老的恐龙及爬虫类化石的宝库，也成了自然科学家关注的地点。

在伊斯奇瓜拉斯托州立公园中可以经常见到的骆马

1 伊斯奇瓜拉斯托最具人气的奇岩——“潜水艇”
2 圆润的球形岩石 Cancha de Bochas
3 形似狮身人面像的 La Esfinge

主要的景点及游览方法

伊斯奇瓜拉斯托州立公园和塔兰帕亚国家公园是位于阿根廷与智利国境线附近相邻沙漠地带的公园群。在这里可以看到三叠纪后半（约2.3亿年前）的伊斯奇瓜拉斯托被称为累层的地层在侵蚀下形成的各种岩石，还发现了数量众多的爬虫类向恐龙及哺乳类进化过程中的化石。

◆伊斯奇瓜拉斯托州立公园

在公园中游览一般会选择这里长度为 40 公里的环形步道。主要的景点除了有可以看到恶地地貌的“月亮谷 Valle Pintado”、生物遗骸等作为内核钙质成分固化后形成的球形岩石“Cancha de Bochas”、伸出潜望镜如潜水艇一般形态的“El Submarino”（伊斯奇瓜拉斯托的标志）之外，还可以看到犹如斯芬克斯的岩石“La Esfinge”、蘑菇岩“El Hongo”等。

◆塔兰帕亚国家公园

在这里可以看到包括红色调岩石绝壁在内的宽度 80 米、高度 143 米的伊斯奇瓜拉斯托岩石。绝壁的一部分成了尖峰岩山一般的尖塔形状。

交通 · 当地旅游团等

经由美国主要城市抵达布宜诺斯艾利斯，然后再换乘国内航班前往圣胡安。由于从圣胡安到伊斯奇瓜拉斯托及塔兰帕亚自然公园群没有公共交通，因此需要参加当地的旅游团。多家旅行社推出了当日返的行程。

【当地主要的旅行社】

■ Money Tur Travel and Tourism
URL www.moneytur.com.ar

■ Gray Line Argentina
URL graylineargentina.com

在美丽的海岸处作为半岛绽放独特魅力的糖面包山

巴西 BRAZIL

电影《007 之太空城》的拍摄地

糖面包山

世界文化遗产

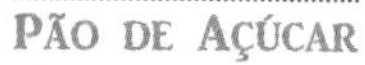
PÃO DE AÇÚCAR

作为“里约热内卢：山海之间的卡里奥克景观群”之一而被列入世界遗产名录当中的糖面包山，是随着约 6 亿年前非洲大陆造山运动而形成的一块巨大的麻岩岩石，也被誉为里约热内卢象征性的存在。

主要的景点及游览方法

这块岩石的形状好像葡萄牙马德拉岛撒有砂糖的面包，因此被命名为“砂糖面包 = 糖面包山”（也有说法认为是从原住民的语言“尖尖的小岛 =PAO DE ACUCAR”而得名）。想要攀登成了半岛整体的这块岩石，可以乘坐两条缆车通往山顶。从作为缆车换乘地点的乌卡山丘（海拔高 220 米）可以眺望到美丽的波塔佛戈海岸，从海拔高 396 米的糖面包山观景台也能够尽览科帕卡巴纳海滩以及里约城市的全景。

交通 · 当地旅游团等

经由美国的主要城市前往里约热内卢。糖面包山位于乌尔卡海岸与贝鲁梅利亚海岸之间的狭小半岛上。因为处在城市当中，所以个人也可以轻松地前往游览。也有不少游客参加旅游团，包括山上建有基督像的科尔科瓦多山（也叫“基督山”）等景点的观光也可以一起实现。

【当地主要的旅行社】

■ VELTRA.COM

URL www.veltra.com

从科尔科瓦多山（基督山）眺望糖面包山

巨石文化遗址

复活节岛拉帕努伊国家公园的石像

Moai, Rapa Nui National Park

智利 CHILE

太平洋上漂浮着的孤岛复活节岛，在当地原住民的语言当中被称为拉帕努伊（辉煌而伟大的岛），因有着巨石遗址摩艾石像而闻名于世。摩艾在岛上原住民的语言当中代表着"墓地、长眠的地点"。

这座岛屿上的巨石文化起始于7~8世纪建造石头祭坛"阿弗"，也有人说开始于10世纪左右摩艾雕像的建造。许多雕像都高达3.5米、重20吨左右，其中最大的约20米、重达90吨。岛上有火山口的遗迹，有十分丰富的易于加工的凝灰岩。采石场附近还留下了许多尚未完工的石像。

摩艾石像从建造时代开始，其设计造型就在不断变化，第一期的摩艾有下半身，而第二期却只建造了上半身并且抱着胳膊，到了第三期时则都戴上了由红色凝灰岩加工而成的帽子（普卡奥），第四期大多是细长脸的造型。

摩艾好似在守护着自己的村落，海边的雕像会背向大海，内陆的摩艾则处在背山向海的方向。这些石像基本上被认为是出于祭祀的目的而建造，但如今依然没有定论。在16世纪时部族间的争斗中倒下了许多的摩艾，17世纪时制造石像的工作停止。如今岛内保留下来约900座。

1 戴着帽子的摩艾整齐排列的阿弗祭坛

2 作为曾经的采石场，打造摩艾石像的拉诺・拉拉库

巨石文化遗址

哈阿蒙加三石门

Ha'amonga'a Maui

汤加 TONGA

大概在公元 1200 年时，由汤加国王下令在王宫入口处建造的巨石大门。建造的目的不十分明确，但据说国王是希望左右矗立的两块岩石如同两个儿子一般团结携手，这种说法比较有说服力。岩石是由珊瑚演变而来的石灰岩成分，左右的石块高约 5 米，好似门框一样，中间架设的石块长约 6 米。石头的重量据说达 30~40 吨。

1 削磨的岩石完好地组合在一起
2 象征在波利尼西亚西部拥有权力的汤加王国遗址

巨石文化遗址

南马都尔遗址

Nan Madol

密克罗尼西亚联邦 MICRONESIA

波纳佩岛上保留的由 100 多座数吨至数十吨玄武岩巨石打造的人工岛城，其总面积实际上达到了 70 公顷。据推测在公元 500 年左右开始建造，1200 年时统治波纳佩岛的绍得利尔王朝迎来了最盛时期，1500 年左右建造结束。石头由距离 30 公里左右的柱状节理采石场搬运而来，但如此巨大的玄武岩是如何被搬运过来的，又是如何摞放搭建的，至今也无人知晓。

也有人说这里或许在太古时期是被水淹没的传说中的“姆大陆”……实际上这里作为当时王朝阶级的居住地，作为统治中心曾经十分繁荣。虽然被列入了世界文化遗产名录，但由于红树林的繁殖等环境状态十分危急，因而也被列入了世界濒危遗产名录当中。

3 采用巨石建造的人工岛城
4 观察一下这里石块的组成，就可以了解到是将柱状节理的岩石切割后运至此地的

大洋洲
OCEANIA

大 洋 洲 极 具 魅 力 的 奇 岩 · 巨 石

选择游览飞行尽情领略班古鲁班古山的全貌

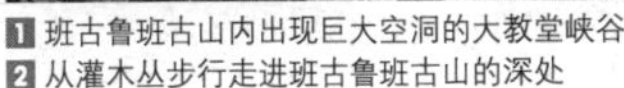

1 班古鲁班古山内出现巨大空洞的大教堂峡谷
2 从灌木丛步行走进班古鲁班古山的深处

圆顶状砂岩连绵的奇景

班古鲁班古山（普尔努卢卢国家公园）

BUNGLE BUNGLE (PURNULULU NATIONAL PARK)

1982 年西澳大利亚的纪录片摄制组来此拍摄，记录下这里除当地原住民之外无人知晓的砂岩造就的壮大景观。大约 3.5 亿年前形成的砂岩群，受到之后地壳变动的影响以及常年风雨的侵蚀，呈现出如今这般不可思议的景象。

主要的景点及游览方法

在原住民基查族的语言当中，普尔努卢卢指的是砂岩地带，班古鲁班古有着砂岩的含义。带有些许圆润特征的山峰被称为蜂巢。岩石表面的纹路是由土色的黏土层和红色的砂岩层混合重叠而形成的。这一带只有在 4~10 月的干季可以游览。

◆**大教堂峡谷** Cathedral Gorge

在蜂巢深处的溪谷处出现的巨大空洞。是步行游览最具人气的景点。

◆**皮卡尼尼溪观景台** Piccaninny Creek Lookout

河流干涸的干季时，位于皮卡尼尼溪一侧高处的，可以眺望到班古鲁班古美景的最佳位置。

◆**埃基德纳峡** Echidna Chasm

位于班古鲁班古北部，与砂岩圆石完全不同的有着悬崖峭壁的溪谷。紧挨着埃基德纳峡的还有可以远眺到班古鲁班古北部的奥斯蒙德观景台 Osmond Lookout。

◆**游览飞行** Scienic Flight

想要体验从空中俯瞰班古鲁班古壮丽景观的真实感受。可以选择 18 分钟左右的领略普尔努卢卢国家公园美景的直升机游览飞行。

交通 · 当地旅游团等

建议先从珀斯乘坐国内航班前往布鲁姆，再从那里参加 4WD 的 5 天 4 晚观光之旅。如果时间实在有限，也可以选择西澳大利亚东北部库努纳拉出发利用小型机或者直升机的当日或 2 天 1 晚的旅游团。因为线路很不好走，因此不建议参团之外的行程。主要的旅行社参考下方。

【布鲁姆出发】

■ Kimberley Wild Expeditions

URL www.kimberleywild.com.au

【库努纳拉出发】

■ Bungle Bungle Guided Tours

URL www.bunglebungleguidedtours.com.au

矗立着无数各种形态石塔的尖峰石阵

1 可以看到慢放镜头一般尖峰石阵的绝美夕阳

2 日落之后，在尖峰石阵所看到的星空也美得令人窒息

石化了的原生林的痕迹

尖峰石阵（南博格国家公园）

THE PINNACLES (NAMBUNG NATIONAL PARK)

在太古时代位于海底的石灰岩层上方出现、有着原始森林痕迹的尖峰石阵，据说是在久远岁月的风化侵蚀中，石灰岩层沿着树根逐渐形成了如今这样塔般的造型。因为无数的石灰岩塔矗立在黄沙之中，因而这里也得到了“荒野的墓碑”这一别称。

主要的景点及游览方法

位于南博格国家公园中心部的尖峰石阵沙漠 Pinnacles Desert，在黄沙之中有尚未铺平的游览道路，途中还设有几个停车区域。游客一般到了喜欢的景点会将车停下，然后在沙漠之中自由漫步，这也成了尖峰石阵的观光特色。此外在沙漠当中还有一处可以尽览尖峰石阵沙漠全景的观景台。

这里有无数的石灰岩塔，如今依然经受着风雨的侵蚀，以人眼感觉不到的速度在慢慢变化着形状。如今最高的岩塔据说有 3.5 米高（游览步道的出口附近）。

◆尖峰石阵的日落 Pinnacles Sunset

尖峰石阵沙漠的对面，印度洋落日映衬出无数石塔剪影的梦幻般的景观，是尖峰石阵观光行中不可错过的内容。此外如果是个人前往观光的话，日落之后依然身处沙漠之中，还能够观赏到南半球满天星斗与尖峰石阵浑然一体的神秘美景。

交通 · 当地旅游团等

以澳大利亚西部的州都珀斯为行程的起点。景区位于珀斯以北约 200 公里的地方。虽然没有公共交通，但是路况较好，因此可以个人租车前去游览。此外在由珀斯出发当日返的行程中除了能够游览尖峰石阵之外，还可以在近郊的朗塞林沙丘体验滑沙等有趣的项目，还有附加日落时分前往尖峰石阵游览的行程等。

【主要的旅行社】

■ ADAMS Pinnacle Tours

URL www.adamspinnacletours.com.au

在尖峰石阵留张充满回忆的纪念照片吧

走到近处会感觉比想象中还要壮大

澳大利亚 AUSTRALIA

好似巨大波浪瞬间静止了一般

波浪岩

WAVE ROCK

高 15 米、宽约 110 米的会令人联想到大波浪的巨岩——波浪岩。花岗岩所形成的岩石北侧的表面，受到了大约 27 亿年的漫长岁月的侵蚀，逐渐形成了如今的样貌。根据原住民巴拉洞族创世纪的神话，这块岩石是巨大的虹蛇将这一带的水喝干，膨胀的身体拖动大地所形成的。

好像张开大嘴的河马一般的 Hippo's Yawn

主要的景点及游览方法

从近郊的城市海登乘车大约 10 分钟便可到达海登自然保护区内。首先由下向上眺望巨大的波浪形岩石。弯曲的岩石表面还有着纵向的条纹，会令人联想到真实的波浪的样子。波浪岩的外侧建造有台阶，可以登上去看一看。从岩石之上眺望美景会十分畅快。紧挨着波浪岩的，好像河马在打哈欠一般形状的岩石 The Hippo's Yawn 也别错过。此外，距离波浪岩约 20 公里地方的洞穴——毛尔卡洞穴 Mulka' Cave 时间允许的话也应该去走走。洞穴内的岩石表面上保留有手形等超过 450 个岩石艺术作品。是将原住民太古时期生活展现出来的宝贵场所。

交通 · 当地旅游团等

以珀斯作为行程的起点。景区位于珀斯以东约 320 公里（开车大约 4 小时）的海登近郊。这里没有公共交通工具，可以利用租车或者参加珀斯出发的旅游团。

【主要的旅行社】

■ ADAMS Pinnacle Tours

URL www.adamspinnacletours.com.au

在原住民的语言当中被称为巴林格拉的奥古司塔斯山，从地表算起高度为 858 米，岩石底部的长直径超过 13 公里，其巨大的规模令人难以想象这是一块单体岩石。16 亿年前海底堆积的砂岩、砾岩的地层不断隆起，在距今约 9 亿年之前形成了如今的样貌。从山脚下到山顶建有登山步道，往返 12 公里，需要 6 小时左右。想要观览全景的话，推荐位于西北侧的鸸鹋山 Emu Hill。此外，这一带还是世界上屈指可数的野花群生地，从 7 月左右开始紫色的野花会铺满大地。

交通 · 当地旅游团等

将位于西澳大利亚州首府珀斯以北约 900 公里的卡那封作为行程的起点。景区位于卡那封以东约 450 公里的地方。由于有许多尚未铺设的区间道路，所以利用 4WD 是必需的，也推荐参加从卡那封出发的旅游团。

※ 国家公园管理局所宣传的“世界上最大的一块岩石”说到底是一句广告语，而并非地质学上所认可的结论

被誉为世界上最大的一块岩石

奥古司塔斯山

MOUNT AUGUSTUS

澳大利亚 AUSTRALIA

推荐在野花盛放的时期来游览

西澳大利亚的冒险之旅当中
最具人气的景点

澳大利亚 AUSTRALIA

自然之手创造的岩石之窗

自然之窗（卡尔巴里国家公园）

NATURE'S WINDOW (KALBARRI NATIONAL PARK)

拥有 18 万公顷的广大面积，在这里可以看到充满活力的自然美景，这就是卡尔巴里国家公园。其中最具人气的景点是自然之窗。在好似砂岩被挖出来一般的自然之窗，坐在窗口拍摄照片特别受到游客的欢迎。

主要的景点及游览方法

自然之窗位于卡尔巴里国家公园北侧、被称为 The Loop 的游览步道途中。经过了 100 余万年的岁月，河流将砂岩大地切开，自然之窗就在悬崖之上。在卡尔巴里国家公园当中，还有从其他的悬崖峭壁突出来，采用强化玻璃建造的观景台 Skywalk 以及被称为 Z bend 的大峡谷等景点。

交通 · 当地旅游团等

卡尔巴里国家公园位于西澳大利亚州的州府珀斯以北约 470 公里的地方。游客一般会选择由珀斯出发 1~2 晚的驱车游行程。从珀斯出发 4 天 3 晚的世界遗产鲨鱼湾往返行程当中会有很多可以顺路去游览的景点，也可以选择。此外从珀斯出发到国家公园入口处的卡尔巴里也有长距离的巴士，因此也可以参加从卡尔巴里出发的旅游团前往观光。

魔鬼大理石保护区当中最上镜的一组平衡石

澳大利亚 AUSTRALIA

散落在各处的平衡石

魔鬼大理石保护区

DEVIL'S MARBLES

位于澳大利亚中北部的原野之上，一个被称为“恶魔的弹球”的不可思议的地方，这里散落着许多圆滚滚的巨石。在原住民的语言当中“卡鲁鲁卡鲁鲁”有着球状岩石的含义，因而得此命名。在大约 1.7 亿年之前这一片花岗岩地层开始隆起，之后随着常年不断地风化侵蚀，逐渐形成了如今这般好似许多圆石飞落此地的不可思议的景象。

主要的景点及游览方法

根据原住民的传说，这里是巨大的虹蛇产卵的地方。广大的范围之内有很多的巨岩，其中作为拍照地点尤其具有人气的，是有着两组平衡石的被称为迪奥的岩石。

花岗岩中产生裂痕，随着风化被打磨得越发圆润

交通 · 当地旅游团等

位于由澳大利亚城市艾丽斯斯普林北上约 400 公里的地方。没有旅游团可以选择，因此一般都是从艾丽斯斯普林租车前往。住宿设施可以选择距魔鬼大理石保护区约 30 公里的旅行营地，抑或在距离约 100 公里的城市滕南特克里克。

澳大利亚 AUSTRALIA

海浪造就的海边绝景

十二使徒岩（大洋路）

12 APOSTLES (GREAT OCEAN ROAD)

汽车广告等媒体摄影当中经常会选择这条世界屈指可数的驾驶道路——大洋之路。位于其一角的坎贝尔港国家公园是林立着大片石灰岩海蚀柱的区域。其中被命名为十二使徒的地方，作为澳大利亚稀有的奇岩景区十分著名。从南极而来的波浪的侵蚀如今依然存在，过去的 20 年间这里发生过两次大规模的岩石崩落。

1 如今只剩下了 7 块海蚀柱的十二使徒岩
2 紧挨着十二使徒岩的吉布森台阶是这片绝景区域数量很少的可以下降到海滩的场所
3 伦敦桥（1990 年由于侵蚀而分化成两个部分）

石灰岩的岸壁分成了两块巨大的部分，变得如同溪谷一般。从这里也可以下到海滩。

◆**伦敦桥** London Bridge

曾经是十分美丽的双拱门海蚀柱，随着岁月的侵蚀如今只留下了单独的拱门形岩石。因而在这里可以真切地感受到侵蚀所带来的巨大影响。

交通 · 当地旅游团等

以墨尔本作为行程的起点。从墨尔本到有着十二使徒岩的坎贝尔港国家公园沿大洋路开车大约 5 小时。时间允许的话尽可能地住上一晚去尽情领略当地的美景。此外，从墨尔本出发也有许多当日返的十二使徒岩游览行程可以选择。虽然从墨尔本到坎贝尔港也有长距离的巴士，但抵达之后为了观光也需必要的移动工具，因此最好还是选择租车或者参加旅游团前往。

主要的景点及游览方法

距今数百万年之前形成的石灰岩的岸壁。这里的洞穴在常年波涛的侵蚀下逐渐被削磨，只有一部分作为海蚀柱存留至今。

◆**十二使徒岩** 12 Apostles

最著名的海蚀柱群。虽然被命名为十二使徒却并不是有 12 块。在被定名的 20 世纪 20 年代的当时实际上似乎也只剩下了 9 块。2005 年和 2009 年，比较大的 2 块岩石也由于侵蚀而崩坏，如今只剩下了其中的 7 块。

◆**吉布森台阶** Gibson Steps

位于十二使徒岩的东侧，可以下到海滩的地方。从海滩上可以眺望到巨大的海蚀柱。

◆**洛克阿德峡谷** Loch Ard Gorge

以在海上沉没的移民船的名字命名的地点，

大洋路地区还是大片的野生考拉栖息地

澳大利亚 AUSTRALIA

原住民的传说为其增添色彩

三姐妹峰（蓝山国家公园）

THREE SISTERS (BLUE MOUNTAINS NATIONAL PARK)

蓝山是澳大利亚东部沿岸、连绵的大分水岭山脉的一部分。从三座砂岩柱三姐妹岩所处的位置，可以眺望到位于蓝山一角被尤加利森林覆盖的杰米逊峡谷。根据原住民的传说，将要遭到魔物袭击的三个女儿，被巫医父亲变身为岩石。父亲为了从魔物手中逃脱也变成了琴鸟，因为其无法恢复真身，所以也无法将加在三个女儿身上的巫术解除。

在蓝山地区经常可以见到的琴鸟

1 冬季的清晨杰米逊峡谷中飘浮着雾气，人们可以看到十分梦幻的三姐妹峰
2 三姐妹峰左侧的岩石上架设有桥梁，使得人们能够近距离触摸到岩石的表面
3 能够尽览到三姐妹峰风光的缆车
4 三姐妹峰周边观光游中很有人气的设施之一，倾斜 52° 的轨道游览车

主要的景点及游览方法

2 亿多年岁月造就的巨大峡谷——杰米逊 Jamison Valley 当中矗立着的三姐妹峰。观览这壮美的景色有几种方法。

◆中心回音谷 Echo Point

在三姐妹峰的正前方设有观景台，从这里眺望到的三姐妹峰及杰米逊峡谷的景色最为著名。从中心回音谷到三姐妹岩之间铺设有游览步道，最靠前的岩石处还架设有小桥。沿着岩石下降到杰米逊峡谷的约 900 级台阶的大规模下行线路步行达人可以尝试一下。

◆风景世界 Scenic World

为了眺望三姐妹峰而建造的观光设施。可以乘坐缆车由杰米逊峡谷的上方眺望三姐妹峰，坐在有着很大倾斜角度的车厢里下降至谷底，然后在温带雨林地区自由游览。

交通 · 当地旅游团等

从悉尼向西进入内陆约 70 公里的地方。可以从悉尼乘坐电车 + 巴士的公共交通，抑或选择租车等比较简单的线路。此外，从悉尼出发也有多种当日返的旅游团可以选择参加。

■蓝山国家公园官网

URL www.nationalparks.nsw.gov.au/visit-a-park/parks/blue-mountains-national-park

乘船靠近之后更会被它的
巨大规模所震撼

出现在大海之中的世界最高的火山岩海蚀柱

柏尔的金字塔（豪勋爵岛）

BALL'S PYRAMID (LORD HOWE ISLAND)

高度达 500 米以上的火山岩海蚀柱柏尔的金字塔，位于澳大利亚以东海面上漂浮的豪勋爵岛的一角。成了世界遗产的豪勋爵岛，是约 700 万年前隆起的海底火山在不断的侵蚀中逐渐形成的群岛。为了保护其独特的生态系统，每日上岛的观光客人数被限制在 400 人左右。

主要的景点及游览方法

柏尔的金字塔是世界上海拔最高的海蚀柱。海面上的高度为 562 米，水平宽度 300 米 ×1100 米，位于豪勋爵岛东南方向约 20 公里处。豪勋爵岛地处被海中峡谷隔开的深 50 米的海底大陆架之上。岩石的名字与 1788 年从悉尼来这里进行海域勘察，并发现这一地区的英国船只萨普莱伊号的提督柏尔的名字相同。

交通・当地旅游团等

从悉尼、布里斯班乘坐小型机前往（所需时间约 2 小时）。天气好的时候，在着陆之前就可以看到柏尔的金字塔。赶上海面平稳的日子，还有从豪勋爵岛出发前往柏尔的金字塔附近的潜水和垂钓的旅游团可以参加。

花岗岩的山丘之上还有一些奇岩

澳大利亚 AUSTRALIA

由南极吹来的风雨造就而成的奇岩

神奇岩石（弗林德斯蔡斯国家公园）

REMARKABLE ROCKS (FLINDERS CHASE NATIONAL PARK)

坎加鲁岛被称作"凝缩了澳大利亚自然之美"，在其西部的弗林德斯蔡斯国家公园的海边，矗立着花岗岩成分的神奇岩石。据说经过了 5 亿年的漫长时间，是被从南极吹过来的风雨不断侵蚀打磨后逐渐形成的，各种各样形状的岩石集中在一起呈现出十分壮美的景观。

主要的景点及游览方法

弗林德斯蔡斯国家公园最具人气的景点神奇岩石，每到傍晚外表就会被染红，与碧蓝色大海交相辉映，十分美丽。此外附近海岸的岩壁在波浪的拍打下也出现了洞孔，形成了拱门形状的旗舰拱门 Admirals Arch。

一块一块的岩石比想象中还要巨大

交通 · 当地旅游团等

从澳大利亚城市阿德莱德乘坐飞机或者巴士 + 轮船前往坎加鲁岛。再在坎加鲁岛内租车或者参加旅游团前往游览。从阿德莱德出发也有很多当日返或者住宿 1~2 晚的行程可以选择。

绵延 30 公里以上的不可思议的岩塔群

可以看到柔软砂岩、泥岩的外星球般的奇特空间

世界复合遗产

灰褐色泥沙造就的位于沙漠地带的蒙哥国家公园一带，在距今 14000 年之前是有着丰富水资源的湖泊。湖畔是原住民生活的地方。此外，在这一带还发现了推断为 4 万年前的人骨化石以及世界上最古老的火葬痕迹。干涸的湖内堆积的泥岩、砂岩在常年侵蚀当中逐渐形成恶地地貌，呈现出了人们幻想当中的奇特景观。

主要的景点及游览方法

澳大利亚原住民痕迹的挖掘等工作如今依旧在这里持续，因而对准许游客进入的场所会有一定的限制。

◆**中国墙** Wall of China

曾经围于湖外，绵延约 33 公里的灰褐色泥、沙岩石好似墙壁一般矗立着。从中国墙到曾经的湖内景区是这一带最大的看点，沙土固化后形成的岩石在风雨的侵蚀下形成各种各样的造型，展现出不可思议的绝美景观。

交通 · 当地旅游团等

从悉尼或者墨尔本乘坐国内航班到达米尔迪拉。再从那里前往内陆约 100 公里的位置到达景区。这里不允许私人前往观光，因此建议参加由米尔迪拉或者蒙哥国家公园附近的 Mungo Lodge 发出的旅游团。

【主要的旅行社】

■ Mungo Guided Tours

URL www.mungoguidedtours.com.au

■ Mungo Lodge

URL mungolodge.com.au

规模似乎比奥马鲁附近的大象岩更为巨大

新西兰 NEW ZEALAND

位于南阿尔卑斯山脚下面积广大的巨岩群

城堡山（库拉塔乌希蒂自然保护区）

CASTLE HILL (KURA TAWHITI CONSERVATION AREA)

这是位于新西兰南岛中央位置喀斯特高原上的巨岩群地带。对于原住民毛利人来说是心中的圣地之一。此外，对于攀岩爱好者来说这里也是世界上知名的攀岩地点。

主要的景点及游览方法

这一带在约3000万年前是较浅的内陆海。堆积于海底的石灰岩层在之后的地壳变动当中不断隆起，在风雨的侵蚀下成了奇特巨岩集中的场所。在原住民的语言当中这里被称为“库拉塔乌希蒂”，有着“从遥远地方得来的宝物”的含义，岩石能够遮风挡雨，周围还可以获取到猎物和食材。是具有传统意义的神圣景点，有时间值得去看一看。

一块一块的巨大岩石

交通·当地旅游团等

从克赖斯特彻奇出发沿国道73号线前往内陆约1小时30分钟后到达。没有当地发抵的旅游团，因而一般都是租车前往。

铺设完好的游览步道使游客可以轻松走到岩石的附近近距离观赏

新西兰 NEW ZEALAND

新西兰南岛西海岸首屈一指的奇景

薄饼岩

PANCAKE ROCKS

薄饼岩奇岩区位于新西兰南岛西岸，格雷茅斯与韦斯特波特之间，普纳卡基海岸沿线。仔细观赏岩石后会发现，的确如名字中所描述的那样，这些岩石看上去好像许多的薄饼摞放在一起。

主要的景点及游览方法

走到近处就能够看清楚摞在一起的多层薄饼岩石

薄饼岩据说是距今3000万年之前海底堆积的石灰岩层与泥岩层反复重叠积聚在一起而形成的。此外在薄饼岩的附近还有岩石的洞穴，涨潮的时候还可以看到波涛从岩石洞穴中汹涌喷出的场景。

交通 · 当地旅游团等

先抵达克赖斯特彻奇，再乘坐巴士或者火车前往南岛西海岸的格雷茅斯。从格雷茅斯乘坐开往韦斯特波特方向的巴士约1小时到达普纳卡基的城外。这一带是帕帕罗瓦国家公园，铺设有环游薄饼岩等景点的游览步道（一周大约30分钟）。

在牧场的草地上，散落分布着凹凸不平的巨型岩石，呈现出不可思议的景象

新西兰 NEW ZEALAND

作为电影《纳尼亚传奇》的拍摄地而具有超高人气

大象岩（怀塔基白石地质公园）

ELEPHANT ROCKS (WAITAKI WHITESTONE GEOPARK)

牧草地上出现的一片石灰岩巨石群，较大的岩石高度达 5 米以上。自然风化造就出了奇妙的形状，由于看上去好像大象群因而被取名为大象岩。在电影《纳尼亚传奇 1：狮子、女巫和魔衣橱》当中，纳尼亚的国民为了与冰女王对决集中到狮子王阿斯兰的营地场景就是在这里拍摄的，此地也因此而闻名于世。

主要的景点及游览方法

虽然大象岩地处私有领地的牧场之内，但作为在观光客中有着很高人气的怀塔基白石地质公园，一般都会免费对外开放。牧草地上随意散落的巨岩石群，是距今 2400 万年以上海底堆积的石灰岩层的一部分。在 300 万 ~200 万年前随着海面上升隆起露出地表，在常年风雨的打磨中逐渐形成了如今这样不可思议的景观。岩石的表面在雨后或者覆盖有朝露的清晨会比较湿滑。在攀登岩石的时候需要注意。

交通 · 当地旅游团等

先抵达克赖斯特彻奇，乘坐达尼丁方向的巴士前往奥马鲁（所需时间约 3 小时 30 分钟）。大象岩就位于奥马鲁西北方向 50 公里的内陆。从奥马鲁沿国道 1 号线北上，再从普库里向内陆进入 83 号线。由于没有公共交通和当地发抵的旅游团，所以建议租车前往游览。

牧场的一角还有羊群

新西兰 NEW ZEALAND

球形巨石覆盖海滩沿岸

摩拉基大圆石

MOERAKI BOULDERS

在新西兰南岛的奥马鲁近郊有一片被称为摩拉基的海岸地带，在海岸边上分布的直径 1 米以上、重达 2 吨左右的奇妙球形岩石被称为摩拉基大圆石。根据原住民毛利族的传说，这些岩石是距今 1000 年之前，海上触礁沉没的巨大船只阿拉伊特乌鲁号上装载的鳗鱼笼子变成的。笼子变成了巨石，乘船的人变成了当地的山丘，毛利人对此深信不疑。

在这里还能够看到新西兰固有品种的企鹅

1 可以看到日落时分梦幻般的美景
2 岸边还有裂开的圆石，在裂纹处拍摄照片也很有人气
3 一个个都比想象中要大，还有很多人在圆石上跳来跳去，也有不少人在上面摆出瑜伽的姿势
4 石头表面还留下了附着的各种各样矿石的痕迹

主要的景点及游览方法

◆摩拉基大圆石 Moeraki Boulders

摩拉基大圆石是约 6500 万年前海底火山喷发时所产生的龟甲石凝固所形成。海底喷发的熔岩成为岩石的内核，周围附着了钙质等各种各样的矿物质，经过了约 400 万年的打磨，一点一点形成了如今这般圆润的形状。也被誉为结核现象的象征性岩石。大约在 1500 万年之前，包括有圆石的地层隆起。在不断风化和侵蚀之下逐渐显露出地表。如今在海边的地层附近，还可以看到只露出了一半的圆石。

圆石群大部分都位于海岸边，因此在涨潮的时候有许多都被淹没在海水当中。所以，想要去游览一定先确认好了是在退潮时期再前往。

◆卡迪基灯塔 Katiki Point

位于摩拉基大圆石以南位置的摩拉基半岛的一端。1878 年建成的具有历史意义的灯塔成为当地的地标。这一带也是有着摩拉基大圆石一般许多巨石的海滩，只不过大部分都不是很圆润的球形。此外这片区域还是新西兰海狗以及企鹅的栖息地，运气好的话还能够看到它们。

交通 · 当地旅游团等

先抵达克赖斯特彻奇，再乘坐达尼丁方向的巴士前往奥马鲁（所需时间约 3 小时 30 分钟）。摩拉基大圆石位于奥马鲁城区以南约 40 公里的地方。因为没有公共交通工具，所以一般是租车前往。海滩前方有大型的停车场及咖啡厅等设施。成了人气很旺的游览胜地，但遗憾的是没有当地出发的旅游团。

世界上巨大的单体岩石 让我们依次来列数！

世界上
有许多巨大的单体岩石（monolith）。
而一般来说人们认为规模最大的是奥古司塔斯山，
排在第二位的是乌卢鲁（艾尔斯巨石）。
但是对于位列第三的岩石人们众说纷纭。
在这里我们采用统一标准由上而下的
角度俯瞰并比较岩石的大小。
对于实际大小的比较，
需要兼顾考虑到高矮、凹凸等各种各样的因素，
而只从上空俯瞰，
并不能够十分清晰准确地判断出来哪个位列第三……
因此这样比较的话，
“这里应该排第三”，多方位、多角度地去考虑可能会
更加有趣。

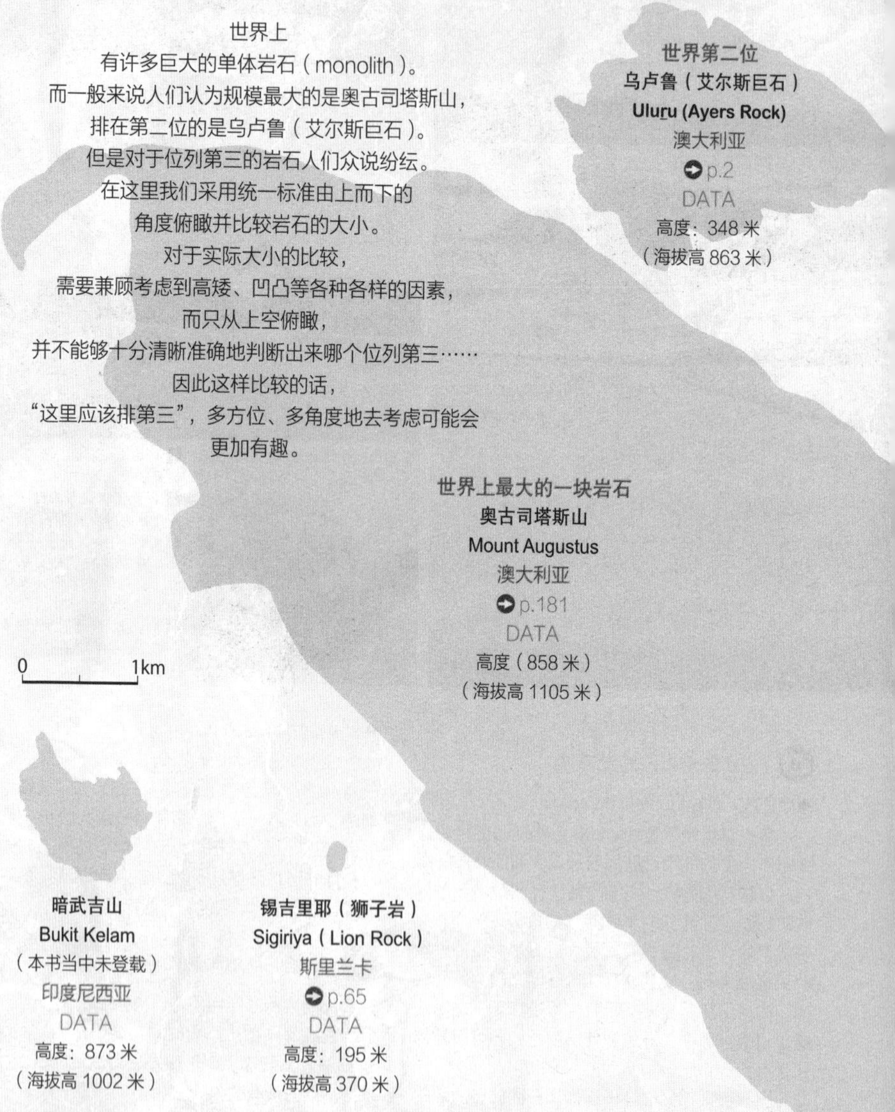

世界第二位
乌卢鲁（艾尔斯巨石）
Uluṟu (Ayers Rock)
澳大利亚
➲ p.2
DATA
高度：348 米
（海拔高 863 米）

世界上最大的一块岩石
奥古司塔斯山
Mount Augustus
澳大利亚
➲ p.181
DATA
高度（858 米）
（海拔高 1105 米）

0 1km

暗武吉山
Bukit Kelam
（本书当中未登载）
印度尼西亚
DATA
高度：873 米
（海拔高 1002 米）

锡吉里耶（狮子岩）
Sigiriya（Lion Rock）
斯里兰卡
➲ p.65
DATA
高度：195 米
（海拔高 370 米）

※ 上述所见的岩石形态都依照卫星照片制作而成。部分与地球表面的界线不是十分清晰，因而可能与实际的岩石形状有些许的差异

世界上最大的一块花岗岩

本·阿梅拉
Ben Amera
毛里塔尼亚
p.120
DATA
高度：633 米
（海拔高度不明）

酋长岩
El Capitan
美国
p.149
DATA
高度：996 米
（海拔高 2308 米）

白色大宝座
Great White Throne
美国
p.137
DATA
高度：720 米
（海拔高 2056 米）

西贝贝巨石
Sibebe Rock
（本书当中未登载）
斯威士兰
DATA
高度：350 米
（海拔高 1488 米）

祖玛岩
Zuma Rock
尼日利亚
p.121
DATA
高度：725 米
（海拔高 1125 米）

魔鬼塔国家保护区
Devils Tower
National Monument
美国
p.133
DATA
高度：264 米
（海拔高 1558 米）

草垛岩
Haystack Rock
美国
p.151
DATA
高度：72 米
（海拔高 72 米）

塔里克山
Djebel Tarik
直布罗陀（英占）
p.93
DATA
高度：426 米
（海拔高 426 米）

伯尔纳巨岩
Peña de Bernal
墨西哥
p.156
DATA
高度：433 米
（海拔高 2510 米）

埃尔佩尼奥尔巨岩
（瓜塔佩巨岩）
La Piedra del Peñol
哥伦比亚
p.158
DATA
高度：220 米
（海拔高 2135 米）

糖面包山
Pão de Açúcar
巴西
p.172
DATA
高度：396 米
（海拔高 396 米）

项目策划：王佳慧　谷口俊博
统　　筹：北京走遍全球文化传播有限公司　http://www.zbqq.com
责任编辑：林小燕
责任印制：冯冬青
封面设计：中文天地

图书在版编目（CIP）数据

世界138处极具魅力的奇岩·巨石 / 日本《走遍全球》编辑室编著；高岚译. —北京：中国旅游出版社，2022.8

（走遍全球. 旅行图鉴系列）

ISBN 978-7-5032-6957-8

Ⅰ. ①世…　Ⅱ. ①日…　②高…　Ⅲ. ①岩石—世界—图集　Ⅳ. ①P583-64

中国版本图书馆CIP数据核字（2022）第082607号

北京市版权局著作权合同登记号　图字：01-2022-0772
本书插图系原文原图

Editor&Writer：Shimpei Ito / Design&Map：Editorial Office Ito / Cover Design：Akio Hidejima / Proofreading：Topcat Co.,Ltd. / Special Thanks：Hiroshi Doi / Producer：Akiyo Yura,Takashi Miyata

书　　名：世界138处极具魅力的奇岩·巨石

作　　者：日本《走遍全球》编辑室编著；高岚译
出版发行：中国旅游出版社
（北京静安东里6号　邮编：100028）
http://www.cttp.net.cn　E-mail: cttp@mct.gov.cn
营销中心电话：010-57377108，010-57377109
读者服务部电话：010-57377151
制　　版：北京中文天地文化艺术有限公司
经　　销：全国各地新华书店
印　　刷：北京金吉士印刷有限责任公司
版　　次：2022年8月第1版　2022年8月第1次印刷
开　　本：889毫米×1194毫米　1/32
印　　张：6.5
印　　数：1-4000册
字　　数：166千
定　　价：98.00元
I S B N　978-7-5032-6957-8